健康輕鬆飽住瘦

低醣飲食
生活提案2

全方位減脂營養天書

陳倩揚 • 林思為 合著

配合第一冊書，
實踐度更完整！

#每餐吃得飽

放心吃不怕胖

#飽吃飽瘦

萬里機構

身體儲存脂肪就像銀行存款，存入大於支出自然盆滿缽滿，不過身體儲存過量脂肪卻會帶來各種健康問題，增加患上致命疾病的風險，所以我們不可以盲從大腦訊息只顧「儲蓄」而忽視健康。

要減少「脂肪儲蓄」，離不開減少「收入」增加「支出」這法則。很多人學習計算卡路里，幫助控制飲食和提醒自己有足夠運動量。不過，一般人並非營養師，難以對每樣放進口的東西都作出準確計算。有時為了計算，只選擇吃自己熟悉的食物，令餐單變得沉悶，又或只減少食量控制卡路里收入，結果常常要和飢餓感搏鬥。當人體開始減重，大腦感應體脂下降，本能的維生機制會發出訊號，阻止減重行為，務求把身體脂肪水平帶回本身的平衡點。這些反制訊息包括強烈的飢餓感、疲倦感、暈眩或類似低血糖反應和失落的情緒。如果你採用的減重方法只靠堅毅意志或複雜的計算，在大腦強烈的反制訊息影響下註定會失敗。

倘遇上失敗，其實是未找到對的方法，只怪責自制力不足是於事無補。要針對減重時大腦出現的反制訊息，在制定低醣、低卡路里飲食時，要一併考慮食物的味道和烹調方法。只追求低卡路里而忽視食物的味覺享受，又或要大費周章準備菜式，這種飲食模式是很難維持的。同樣，運動的選擇應以興趣先行，然後有合適的目標，增加做運動的滿足感。找到自己享受的低卡路里飲食和滿足的運動，是健康減重生活的基本。

在醫學上來說，當肥胖程度達至嚴重水平（如 BMI 27.5），可考慮配以醫生處方的減重藥物幫助壓抑大腦反制訊息，給予身體時間培養新的健康減重生活習慣。而肥胖程度達 BMI 30 或以上，同時出現肥胖相關疾病（如糖尿病、睡眠窒息症、嚴重脂肪肝、女性多囊卵巢症等），可考慮採用微創減重手術（如縮胃、胃繞道等）。

不論採用哪種減重方案，最基本的還是養成健康低醣、低卡路里的飲食習慣。倩揚及思為的最新著作提供了一個控制體重的可持續生活飲食方式，設計了不少切合香港人生活模式及本地料理文化的飲食方案，不單為減重飲食增加趣味，也提供了便利而有效的實行方法，有助大家以健康愉快的心情體驗減重旅程，令減磅成為一件不用捱苦的事情，從而達至倩揚口中經常提大家「可持續、不反彈、開心食、輕鬆減」的目標！

徐俊苗醫生

香港肥胖學會主席

減醣不是一個 Diet，
而是一個要學懂的 Lifestyle！

你為了甚麼原因減肥？為靚？為健康？為結婚？為 IG 相片更多人給你心心？又或是人減你又減？

你選擇用甚麼方法減肥？戒油？戒肉？食素？辟穀？代餐？斷食？減糖 low carb 還是減醣？生酮？做運動？跑步？做 Gym？

你曾試過多少種減肥方法？哪個方法對你的減肥歷程最有效？哪個最無效呢？

很多人提到減肥（體重控制）是女人的終身職業，我覺得是每個人應該學習的健康生活態度！無分男女！如果磅數過重已經影響你的健康，症狀輕微的如上樓梯氣喘、關節痛；重則血糖高、高膽固醇和血壓高等等，你更要學懂健康飲食生活態度。

我真的很高興，今次可以和情揚合作編著一本「有營養」的體重控制指南，我相信情揚推崇的「低醣飲食法」已幫助不少組員成功減去不少體重！可是，在減肥期間，很多人遇上不同的營養問題，例如減醣飲食相等於生酮飲食？減肥期間可以吃零食嗎？香蕉是否不可吃？減肥一定要吃番薯？斷食需要多少小時呢？為甚麼減肥會掉頭髮，甚至月經紊亂？需要服用營養補充品嗎？如何用代餐減肥？如何保持減磅後不反彈？以上的疑問，我會藉此書一一幫你們解答。

要成功控制體重，最重要是找對適合自己的方法，持之以恆地跟隨，並配合適量運動才能成功！一些飲食規條如：避免進食加工食物；吃不同種類的五穀類和蔬果；多選優質蛋白質；選擇健康小食；學懂如何利用不同健康食材做出減肥也吃得的菜式等等，多謝倩揚分享她的食譜，真的很易做又好味！多了解日常食物和烹調食物時的營養價值（特別鳴謝主修食物及營養學的學生 Gloria 為食譜作出營養分析）。只要將這些規條變成日常的飲食習慣，不但減肥期間不感到辛苦，而且更能保持生活質素，令體重不反彈。

要記住，減醣飲食不是一個 Diet（節食），而是一個學懂的 Lifestyle（生活方式），只要你學懂如何改善或選擇適合自己的 Lifestyle behaviors（生活行為），才是持久地控制體重的上策！

林思為
Sylvia Lam

作者簡介

- 顧問營養師
- 澳洲悉尼大學營養治療學碩士
- 加拿大英屬哥倫比亞大學營養科學學士
- 澳洲認可執業營養師
- 香港認可營養師學院認可營養師
- 香港營養師協會正式會員
- 澳洲飲食失調中心認可治療師

2000 年畢業於澳洲悉尼大學營養治療碩士課程，現為香港私人執業的顧問營養師，有超過 20 年為有體重問題、心臟病、糖尿病患者、飲食失調及有相關疾病人士提供營養飲食評估及個人飲食治療的經驗。在 2007-2019 年間曾擔任香港營養師協會會長，2019-2021 年擔任該會對外事務主任，全力推動香港註冊營養師專業服務。她現任香港認可營養師學院專業委員會主席、國際營養學聯合會的香港地區代表及香港運動醫學與運動科學學會理事會成員。
她曾為各大機構包括政府機構、非牟利機構、銀行、商業機構、製藥公司、電訊公司、專上學院及大學等擔任營養學講者。她常於各大報章、電視、電台和網上平台解答及推廣營養資訊。她曾編著十本以上營養書籍。

從來沒想到，2021年簽書會後不到幾個星期，我又再次坐在電腦前，埋首草擬大家手上讀着這本書的大綱。回想書展期間，每次尚未走近書商的攤位，遠遠已經看到帶着滿滿期待目光的長長人龍，多想逐位傾聽你們的故事，聊聊你們的減磅歷程；成功了的，我看到你們那份重拾自信、「元氣滿滿」的笑臉，還興奮的報告你或你們甚至你們一家人共減了多少磅；尚在努力的，我看到你們堅定的決心及信任，途中偶有遇上困難，我們就在那簽書的半分鐘來一趟刺激的快問快答；尚在猶疑未有動力開始的，我希望能夠身體力行，以身作則之餘亦繼續用心為大家整理豐富簡單易明的資料庫，希望你們可以從最方便日常生活入手的方向開始，習慣成一套可持續性強的方法建立健康飲食模式，我會陪伴大家直至成功。

要適應改變，需要建立一顆強大的內心，若然成功是可預見的，相信更能加添堅持的決心。這兩年半以來，在「你得我得行動組」遇見的組員，是一個又一個勵志故事主人翁。看着你們每一位默默的為自己的健康付出努力、改變，遇上難題時互相交換意見、互相鼓勵，為群組一步一腳印的寫下豐盛的、精彩的成績表。我希望藉此向大家衷心致謝，感謝你們一直的信任、同行進步，共同成長。

憑一人之力與一人之眼界所觸及的始終有限，為滿足自我學習慾（套用一句潮語：「自肥」），今趟誠意邀請資深營養師林思為 Sylvia 百忙中與我共同編寫這本集食物圖庫、字典、工具書於一身的健康減磅天書。除了彌補我營養專

業知識的不足，Sylvia 會以多年豐富經驗及淵博的營養知識，為大家提供精確的資訊，以及解構坊間流傳的種種減磅瘦身的迷思與謬誤。另外，配合我們在書內提供的家常食譜，我倆有信心為各位讀者在減醣、瘦身、keep fit 路上，建立最切合個人自身需要、最舒適的飲食模式作參考。「可持續、不反彈、開心食、輕鬆減」我得你都得！

粗略統計大家公開及私下給我報告的已成功減磅數字，計算機算一算，這數十萬磅盛載的，絕對是一份帶給我處理完日常工作及家務，再激勵自己懷着一股熱情，在每個深夜揮灑着鍵盤的重量，也是一份提醒着我要不斷向前、進步的動力。有讀者曾說每天翻一翻《健康輕鬆飽住瘦 —— 低醣生活提案》，就有堅持的動力，感謝大家心中留了這樣的一個位置，也寄望你們享受閱讀手上這本工具書，期待我能親身答謝每一位讀者，感謝你們溫暖的支持！

我非常建議大家先閱讀我的第一本書，明白「你得我得」的健康落磅概念後，再加上這本書的豐富營養資訊，除了可解答你在減磅路遇上的種種疑問，亦可將兩本書的食譜混合調配，讓你能夠更自如地在日常飲食習慣實踐減醣計劃！祝各位都能成功！

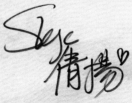

倩揚 Facebook 專頁

「你得我得行動組 by Skye」

「你得我得行動組」是希望大家可以透過認識更多元化、優質的食物選擇，從調整食物配搭開始，改善日常的飲食習慣。我最期待大家能做到的，就是於整個落磅過程之中，既過得輕鬆又吃得飽肚！這個計劃每個星期設有一大獎勵日，你們可以放鬆心情吃想吃的甜品等等。只要每日注意吸收足夠水分，配搭好食物的種類及比例，你會發現這個減磅方法與日常照顧家庭的早午晚餐的「完美共存性」，同時連帶家人都有更多健康食物選擇。

更重要的是，大家可同時於過程中學懂調整一個輕鬆沒壓力的心態，慢慢透過由改變日常習慣，讓自己能夠擁有更健康的身體，為自己建立豐富食物庫以吸收均衡多元營養。我常強調希望大家能以健康為終極目標，重視飲食習慣的「可持續性」，將減醣飲食計劃融入生活，增肌減脂的同時，趁早遠離「三高」的威脅，為自己的健康把關。現在就加入「你得我得行動組 by Skye」參考更多鼓舞分享及每天餐單，不需要萬事俱備，邊看邊行，我會陪伴大家一起進步！

團長寄語

今天就積極開始！
Never Too Late!
每天對著鏡子說一句：
準備迎接更美好的自己！

你得我得行動組
Facebook 專頁

CONTENTS

目錄

CHAPTER

1 有效可持續的落磅計劃

CHAPTER 4 減醣健康食譜

雞蛋料理

豆腐料理

優質澱粉料理

我不是系列

還原靚靚 Morning Drink

健康自煮醬

CHAPTER

1

About the Plan

有效可持續的
落磅計劃

經營健康第一步：
由改善飲食習慣做起

說到關注健康的緣起，當媽媽固然是理所當然的動機之一，而從 2017 年當上健康醫學節目《精靈一點》的主持開始，透過每個星期無間斷的跟各中、西醫學、營養專家等學習，深深體會到「自己健康自己經營」絕對是每天每餐手到拿來的事。撇除遺傳因素，許多都市病、慢性疾病都跟不知不覺「吃出禍」扯得上關係。通過改善飲食習慣，能夠令身體維持在健康的軌道上，從而減低患上各樣疾病的風險，正確踏出經營的第一步。

理解「輕鬆」定義持續地做

一天三餐吃甚麼既然能夠掌握手中，我們一定要好好把握機會，用心管理我們的飲食習慣。

何謂「開心食輕鬆減飽住瘦」？之前我用了一本書的篇幅希望大家可從一字一句中領略到：

輕鬆，在於不用困在數字中無限轉換、計算；
輕鬆，在於每餐透過理解，認識去目測、去準備、去享受眼前的食物。

所以由始至終都建議各位組員先花些心思去理解一下「你得我得」的基礎概念，加上從上一本書——《健康輕鬆飽住瘦——低醣飲食生活提案》，以及這次與Sylvia合作的加強版天書中理解到的，一定有足夠資料計劃如何經營健康第一步——由改善飲食習慣做起。

循序漸進，別勉強自己

改變當然非一天半天就能説改就改，就算勉強做到，也只算「勉強做到」，並非從心而發，非樂意去持續地作出改變。我經常以外出點餐飲為例：從前外出茶記餐飲跟一杯凍檸茶或熱奶茶等飲品，由從來不會主動走甜，一步一步轉變為半甜、微甜，或理解為由放3匙糖，到2匙、1匙，直到終有一天會自己竟然呷出了茶香，喝出了咖啡香、真正嘗到濃郁的原味道。而由習慣全糖到走糖，每人適應的步伐不盡相同，毋須比較，毋須急於一步到位，何妨給自己一個Cycle的時間，先逐步摸索食物的選擇、飲水量、逐步少甜、不刻意上磅，感受身體的變化，相信鏡中的自己，隨着往日繃緊的褲頭日漸變鬆，再決心正式開展Cycle 1，更美好、更進步的自己已在未來不遠了！

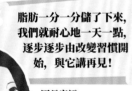

脂肪一分一分儲了下來，我們就耐心地一天一點，逐步逐步由改變習慣開始，與它講再見！

團長寄語

如何開始？
釋除顧慮：減醣餐不用分開煮

很多組員都有疑惑，所謂「減肥餐」怎樣可以
同日常家庭餐一齊煮？

以下我就為大家來個示範，釋除大家的顧慮，
照顧家庭的同時，也可以輕輕鬆鬆減磅。

唔洗分開煮

時興 hashtag，「# 唔洗分開煮」這五個字絕對
是希望印進大家腦海的幾個字。

相信絕大部分有覺醒為自己的磅數或健康努力
的人，所面對的最大阻礙莫過於「覺得減肥無
咪好食」、「屋企有老公有小朋友要食飯，又
要煮多份比自己，好麻煩！」因此我最希望透
過我的分享可以傳達到的訊息就是令你更加明
白、甚至相信：「其實真係可以一齊煮！」

尤記得 Day 1 與大家開直播講解這套「飽住
落磅」的方法時，再三強調希望大家先放下對
要分開煮的恐懼及顧慮，細心看看我為大家整
理的食物清單，你會發現所建議的食物類別、
選擇，都是一般在市場（街市）或超級市場能
夠買到的，至於烹調方法，更是以一般家常菜

式為基調，只要作出少許調整就可以變奏出
Keep Fit 減醣餐及家常便餐，齊齊開飯！

住家飯齊齊煮

以下我就選一個經常烹調的菜式，具體分析及
圖示給大家參考，菜式例子 —— 粟米肉粒薑黃
意粉。

材料配搭多元化

粟米肉粒對各位來說應該不會陌生。自家煮想
必大家都希望以天然食材、最精簡調味煮出相
對健康的粟米汁給小朋友伴飯，或用以焗意粉
等港式西餐。

長輩常笑道：「自家製就是夠足料！」這點不會
錯，媽媽們下廚前必會探視一下冰箱，取出所
有要先處理的食材，務求將合適配搭的都混在
一起營造色彩吸引，更想做到符合多元營養的
指標。

除粟米肉粒外，青菜類可選擇炒菜、上湯浸菜
或灼菜等，一家共享。

1. 自製新鮮粟米汁

就以粟米肉粒為例，外食的粟米肉粒應該大多只有粟米、肉粒、蛋，粟米汁或湯可能會以方便的罐頭裝為材料。自家煮粟米汁可以新鮮粟米切粒（先不要怕，不用逐粒逐粒拆，用刀都可以快速完成），加入洋葱及奶打勻，灑入少許鹽、糖調味已經非常美味。

一家齊齊開餐無難度
跟住團長建議實做到

團長寄語

2. 嘗試加入不同食材

至於材料也很方便，除粟米、肉粒（可選用梅頭扒切粒、或雞柳切粒、雞髀肉切碎或三文魚粒等等）、還可加入翠玉瓜粒、甘筍粒，進階版更可加入淮山粒、蓮藕粒，令小朋友嘗到平日可能抗拒的食物。

3. 加一點點黃薑粉調味

調味料方面，我建議大家在炒材料時加一點黃薑粉，相信不是所有人都對有益的黃薑粉那種獨有味道有好感，炒材料時加在一起，再加上粟米汁，黃薑味道幾乎吃不出來。以上各種食材都是一些日常家庭會用到的、健康而有多元豐富營養，無論減醣減磅與否都適用。

小朋友午餐
粟米肉粒豐黃薑粉

減醣午餐
小朋友午餐再調料+酸種包

你真的肥胖嗎？
體質指數、腰圍、脂肪比例計算法

肥胖就是「病」！

現代社會大家總談及過重及肥胖，已不再只着重個人外表美觀，更需要大眾關注的是對身體健康帶來潛在的極大傷害；所以我們必須嚴肅地正視肥胖，視之為一種慢性疾病，我們需要學習的是 —— 肥胖人士身體積聚過多的脂肪組織，是導致很多長期病患的主要危害因素。

11 個過重及肥胖相關的各種疾病

二型糖尿病		高血脂
中風	高血壓	冠心病
睡眠窒息症	膽石	癌症
關節炎	脂肪肝	痛風症

你真的「過肥」嗎？

你認識體質指數（BMI）、身體脂肪百分比（Fat percentage）及腰圍（Waist circumference）嗎？以下為你介紹一下。

體質指數（BMI）

計算方法如下
體質指數（BMI）＝體重（公斤）/ 身高（米）^{2}

*1 公斤＝2.2 磅

根據世界衞生組織的建議，西方及亞洲成年人的體質指數分別劃分如下：

體質指數	公斤 / 米^2
過輕	<18.5
標準	18.5-22.9
過重	23-24.9
肥胖	≥ 25
嚴重肥胖	≥ 30

營養師 SYLVIA 提提您

BMI越高，號患病機會率就會提升
所以不妨計算一下體質指數，
開始你的體重控制計劃！

身體脂肪百分比（Fat percentage）

身體內積存太多脂肪，會增加患病機會，市面上有俗稱「脂肪磅」（又稱「智能磅」），用來量度身體脂肪的百分比。

成人的正常脂肪百分比

	女性	男性
必需脂肪	12-15%	2-5%
標準	21-24%	14-17%
可接受	25-31%	18-25%
肥胖	>32%	>25%

資料來源：The American Council on Exercise

腰圍（Waist circumference）
量度腰圍是既簡單又方便來衡量腹腔脂肪的方法，若腹腔的脂肪過多，即有中央肥胖（Central obesity）的問題，增加罹患糖尿病、高血壓、高血脂等的機會。

以下是成人腰圍的標準值：

亞洲男性：應少於 90 厘米（約 35.5 吋 *）
亞洲女性：應少於 80 厘米（約 31.5 吋 *）

*1 吋 = 2.54 厘米

減肥無捷徑！
我們的身體需要熱量來維持生活，每日的食物攝取量是熱量的主要來源。長期熱量過剩便會導致肥胖，所以需要注意身體健康，「熱量收支平衡」是非常重要的。

1. 熱量吸收 等於 活動消耗 = 保持體重
2. 熱量吸收 少於 活動消耗 = 減輕體重
3. 熱量吸收 多於 活動消耗 = 增加體重

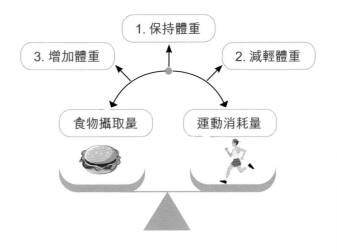

為自己，訂定一個實際減磅的目標及速度

每個人的生活習慣及身體構造都不同，所以減磅是很個人化的一件事，不能一本天書看到老。

要了解自己身體需要減磅多少，不要單憑自己感覺，要靠數據如 BMI、體脂比例來判斷，訂立一個較容易達到的目標，使自己能在較輕鬆狀態下進行，享受過程，不會視之為苦差，效果明顯更佳。

立定減肥目標 —— 我應減多少磅？

研究顯示過重及肥胖人士只要減去 5-10% 的原有體重，能降低患上因肥胖而引起的相關疾病風險。

建議理想的減磅目標是 —— 於 4-6 個月內減去 5-10% 的原有體重。

你的減肥目標

_____公斤（現時體重）× 95% 至 90% = _____公斤至_____公斤
時間表：在 4 至 6 個月內達標。

例如：你現時體重是 80 公斤，你的減肥目標是：
80 公斤 × 95%－90% = 72-76 公斤

舉個例子來説，一個體重分別 300 磅及 150 磅
的人，所能承受的減磅速度也不盡相同。一般
而言，除非有逼切的醫療需要，否則減磅不宜
操之過急。

衛生防護中心建議，每週減約 0.5-1 公斤（即
1-2 磅）為安全減重速度，讓身體慢慢適應，
也使自己的精神狀態得到滿足，這個做法最為
理想。

美國疾控中心指出，若每星期減多於 3 磅會出
現健康風險。其實半年內減磅 5% 至 10% 已很
成功；相反減得太急，體重更容易反彈。

有些人的體質指數超過 27% 以上，當已達到第
一個 5-10% 減重效果後，可以考慮再訂立另一
個 5-10% 的減重目標。

為自己分開兩次立定目標較為切實，不要一次
過訂立一個實行不到的減磅計劃，反令自己失
望而回。

計算卡路里重要嗎?

甚麼是卡路里?

「卡路里 Calorie」又稱千卡路里(Kilocalorie),是一個用來量度熱量的單位,大約只有 250 年的歷史。這一詞最早由法國科學家 Nicholas Clément 博士於 1819-1824 年提出,直至二十世紀,這個用來代表熱量的詞語才被完全定義及被廣泛接受,逐漸融入了美國流行文化和營養政策。而 1 卡路里的定義是將 1 公斤清水的溫度由 0℃ 提升至 1℃ 所需的熱量。

卡路里與健康

身體需要特定水平的熱量維持身體機能和健康,就算你每天睡覺 24 小時,只維持呼吸的話,身體都會消耗熱量。而每個人的卡路里需求會因應遺傳基因、年齡、性別、體重、身高、身體脂肪量、肌肉量、身體狀況(例如長期病患、營養吸收狀況等)和日常活動量來決定,所以每個人的卡路里需求都很不同。

以下是以簡單的方式計算每日熱量的需求，參考方程式如下：

	每公斤正常體重所需熱量（千卡）
輕量活動 / 過重 / 年老人士	20-25
中量活動 / 成年女性	25-30
高量活動 / 成年男性	30-40

例子 1：

女性，30 歲，OL，每星期跑步 3-4 次，每次跑約 30 分鐘。

身高 1.65 米，體重 60 公斤，體質指數（BMI）22（屬於正常）。

現時體重：60 公斤 × 25-30 千卡 = 每天需要約 1,500-1,800 千卡。

例子 2：

女性，50 歲，家庭主婦，輕量活動。

身高 1.5 米，體重 60 公斤，體質指數（BMI）26.7（屬於肥胖）。

她的正常體重：52 公斤 * × 20-25 千卡 = 每天需要約 1,040-1,300 千卡。

例子 3：

男性，35 歲，職業司機，每天游泳 45 分鐘。

身高 1.75 米，體重 95 公斤，體質指數（BMI）31（屬於嚴重肥胖）。

他的正常體重：70 斤 * × 30-40 千卡 = 每天需要約 2,100-2,800 千卡。

* 以 BMI：23 作為參考

卡路里從哪裏來？

除水分之外，任何食物或多或少也有熱量，而熱量最主要來自四大營養素，包括碳水化合物、蛋白質、脂肪和酒精。當中以脂肪的熱量密度（Energy density）最高。

營養成分	每克提供的熱量（千卡）	需佔每日總熱量
碳水化合物	4	45-65%
蛋白質	4	10-25%
脂肪	9	25-35%
酒精	7	-

卡路里與減肥的關係

提起減肥，大部分人都認為計算或控制卡路里是最關鍵的方法。常聽説，如想減掉 0.5 公斤或 1 磅脂肪，必須通過節食或運動來節省 3,500 卡路里，所以減肥人士往往認為卡路里攝取愈少（即吃得愈少），減肥就會愈成功。可是，這個想法不一定完全正確，攝取太少熱量反而會影響減肥成果，以下是其中的原因：

1. 新陳代謝率急降

攝取太少熱量令身體的新陳代謝率急降，使身體進入一個保護模式（這是身體的自然反應，因擔心人體肚餓致死！）當新陳代謝率下降，日常消耗的熱量亦會降低，使減肥期間很快踏入平台期。此外，當你增加食量的時候，體重

反彈的機會亦會較高！一項對低熱量飲食的長期研究發現，1/3 至 2/3 的節食者當磅數回彈時，回彈的體重會比開始減肥時更高。

2. 感覺辛苦容易放棄

攝取太少熱量會增加日常飢餓的感覺，減肥期間覺得額外辛苦，令人容易放棄。

3. 身體出現副作用

吃太少會使營養不均衡，導致出現某些副作用，如脫髮、肌肉流失、皮膚乾燥、指甲變得脆弱、頭暈、疲倦、便秘、停經及情緒不穩等。

4. 引發長期病患

長期熱量攝取太低，可能引起某些長期病患，包括骨質疏鬆症、貧血、不育及抵抗力下降等。吃得太少或飲食過於限制，會增加厭食症和暴食症等飲食失調的風險。

減肥時，我需要計算卡路里嗎？

答案是……不需要！

毫無疑問，在減肥期間適度減少卡路里的攝取是無可避免，但如果你可以控制每天的食物分量，以及執行正確的食物比例，配合適量運動，就毋須執着地計算卡路里了。

事實上，關於卡路里的科學有很多不為人知的真相，以下列舉了幾項。

1. 食物卡路里的資訊來源未必正確!

你可以從 IG、Facebook 和 Twitter 等社交媒體平台找到食物的卡路里,手機應用程序或互聯網也有許多卡路里計算器,但我們如何知道資料來源是否正確?任何人都可以聲稱某些食物含有一定的卡路里(例如十大最邪惡高熱量甜品),但你有否想過,資料是從何而來?又例如外出進食一些複雜的食物(如法國餐廳 fine dining),你會找到食物的卡路里嗎?如果沒有卡路里計算,難道就不吃嗎?

2. 在營養標籤上看到的卡路里,可能不是100%準確!

事實上,美國食品和藥物管理局(FDA)允許營養標籤上的數字最多有20%偏差,意思是聲稱每分含有 180 卡路里的雪糕,實際上可能最高含有 215 卡路里。而根據香港食物衞生局的營養標籤制度,亦有同一個標準。

3. 食物的熱量可能不被身體完全吸收!

當食物進入身體後,經過胃部消化,並非每個卡路里都會被吸收,尤其是一些高纖維的食物。食物中的膳食纖維進入腸道後不會被消化,主要作用是用增加糞便的體積,使暢通腸胃,減慢食物消化速度,增加飽腹感和平衡血糖。由於膳食纖維根本不被消化,所以纖維不會產生任何熱量,例如 1 安士杏仁含有營養標籤上的 180 卡路里,但實際上被身體消化後,只為身體提供了 130 卡路里。如果日常可增加攝取纖維量,就算不計算卡路里,也有助控制體重。

4. 有些食物需要身體額外的熱量來消化！

當消化食物時，我們的身體和腸道需要利用更多能量來分解食物，有些食物需要多些能量，而有些則需要較少能量作消化。通過攝食產熱效應（Diet-induced thermogenesis）的過程，高熱效應食物（High thermic effect foods）會提高新陳代謝率，增加身體燃燒卡路里的速度，從而促進減肥。在芸芸的食物種類中，高蛋白質食物具有最高的熱效應，可將新陳代謝率提高 15-30%；碳水化合物可將新陳代謝率提高 5-10%；脂肪僅將其提高 0-3%。常見高熱效應的食物包括瘦肉、奶製品、雞蛋、魚類、堅果和種子、牛油果、黑朱古力、乾豆類、全穀類和番薯等，與其只懂得計算卡路里，不如考慮優化食物種類和選擇，才是減肥更有效的方法。

5. 即使兩個人攝取相同的卡路里，減肥進度也有所不同！

試想想，兩個重 200 磅的男士（A 君 VS B 君），每人每日分別吃 2,000 卡路里食物，減肥效果可能有很大不同。舉個例子，A 君攝取的卡路里大部分來自精煉的加工食物（如汽水、薯條、雪糕、炒粉麵等），屬高糖、高脂肪、低纖維的食物種類；B 君的 2,000 卡路里則來自完整食物，包括全穀類、低脂肉類、新鮮蔬果、果仁和種子、低脂奶類產品和優質油類，屬低脂、高蛋白、高纖維和低糖飲食。

A 君的不良飲食習慣影響胰島素分泌和血糖水平，加工食物的不良脂肪較容易積聚，就算全部食物熱量的總和只有2,000卡路里，減肥的效果也不會太顯著。相反，B 君的健康飲食模式影響胰島素分泌較低，而且高纖維飲食使熱量吸收較少，所以 B 君減肥的進度比 A 君較好。減肥速度不單被食物卡路里影響，亦因應個人日常活動或運動量而影響結果。

6. 計算卡路里來減肥已經過時！

除了以上原因外，其實計算卡路里只在短期內有助減輕體重，對於絕大多數人來說，最終不僅會失敗，還會造成生理及心理的壓力。計算卡路里可帶來潛在壓抑，同時與食物建立了不健康的關係，使減肥甚至保持健康體重變得更加困難。試想想，減肥期間為了計算卡路里，很多食物都不可以進食，有些人甚至倚賴包裝食物而生存（因只有包裝食物列出卡路里），甚至花費大量金錢購買「零卡路里」、又沒有營養增值的加工食物，如蒟蒻麵（每包售價$20-$30，大家可自行計算是否值得）、代糖或無糖飲品等等。只要在適當範圍內懂得選擇，**很多很多天然新鮮食品已經足以令你飽住瘦！**

在醫學角度來看，整個減肥過程比你想像的要複雜，年齡、性別、運動水平、藥物、身體狀況（如女士更年期）、食物種類選擇，甚至腸道微生態等不同的因素都可能影響結果。

最重要的是，減肥的目的不再是只為貪靚，終極目標是——我們都希望擁有健康的身體。只懂得計算卡路里，並不代表懂得吃得健康，太極端的行為反而更使身體缺乏許多重要的營養素、維他命和礦物質，增加減肥時的副作用，體重也較容易反彈，令減磅得不償失。

哪個「Marcos」對減磅最重要？
醣類、蛋白質、脂肪、膳食纖維？

我們之前討論過計算熱量（卡路里）與減肥的相關意義。毫無疑問，在減肥期間適量減少計算卡路里的攝取是無可避免的。但除了需要知道大概每日應該攝取多少卡路里，懂得如何分佈「宏量營養素（Macronutrient）」亦非常重要，因其不同的比例，對人體有着不同的作用。

甚麼是宏量營養素？

「宏量（Marcos）」一詞是「宏量營養素（Macronutrients）」的簡寫，該術語用於描述身體運作所需的三個關鍵食物組：

1. 碳水化合物（醣類）
2. 蛋白質
3. 脂肪

適當地平衡「Macros」並了解你整體的卡路里需要，可以有效地鍛煉肌肉、保持體重或減少體內脂肪。近年科學研究指出，減醣飲食法的「Macros」比例，在六個月內的減肥成果比一般健康飲食較佳。以下是不同飲食「Macros」的分佈：

佔總熱量的比例	低脂飲食	健康飲食	減「醣」飲食	生酮飲食
碳水化合物（醣）	55-65%	50%	~20%-40%	≤10%
蛋白質	15%	15%	~25-40%	20-25%
脂肪	≤20%	20-30%	~30-55%	65-70%
膳食纖維	25-35 克			

資料來源：*Comparison of dietary macronutrient patterns of 14 popular named dietary programmes for weight and cardiovascular risk factor reduction in adults: systematic review and network meta-analysis of randomised trials. BMJ 2020; 369*

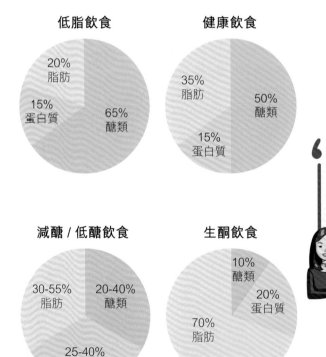

低脂飲食
- 20% 脂肪
- 15% 蛋白質
- 65% 醣類

健康飲食
- 35% 脂肪
- 15% 蛋白質
- 50% 醣類

減醣 / 低醣飲食
- 30-55% 脂肪
- 25-40% 蛋白質
- 20-40% 醣類

生酮飲食
- 10% 醣類
- 20% 蛋白質
- 70% 脂肪

LOW CARB

營養師 SYLVIA 提提您

要以一個較「低醣」的飲食來控制體重，建議以全穀類為主的碳水化合物佔每日總熱量大約20-40%，蛋白質佔25-40%，而脂肪佔30-55%

以下是基於每日能量攝入量，減醣飲食的「宏量營養素（Macros）」分佈：

每天卡熱量需求 （千卡）	碳水化合物 / （醣類）（克）	蛋白質 * （克）	蛋白質 （份）	脂肪 （克）
1,200	120	77	9	40
1,400	140	89	11	47
1,600	160	102	12	53
1,800	180	115	14	60
2,000	200	128	16	67
2,200	220	140	17	73
2,400	240	153	19	80
2,600	260	166	20	87
2,800	280	179	22	93
3,000	300	191	23	100

*85% 來自優質蛋白質

碳水化合物（醣類）

碳水化合物是我們基本的身體機能和身體活動所需的主要能量來源。減肥期間，應減少「簡單碳水化合物」攝入，如含單醣、添加糖和精製碳水化合物的食物，包括糖飲料、甜麵包、糕點、白米飯和白麵包。

減肥時要選擇「複合碳水化合物」，如糙米、紅米、燕麥、全麥麵包、藜麥、番薯、蕎麥麵，還有乾豆。複合碳水化合物不僅為我們的身體提供能量，還提供膳食纖維、維他命 B、植物蛋白、鐵、鎂和鉀，還能在減肥過程中保持飽腹感。

在減「醣」飲食中，建議大約 40% 能量來自複合碳水化合物。在 2,000 千卡的飲食中，需要的碳水化合物不超過 200 克（2,000 千卡 ×40% / 4 千卡 = 200 克）。

每份食物含 50 克碳水化合物（醣類）：

食物	分量
白飯 / 糙米飯 / 紅米飯（5 大湯匙飯）	1 中碗
蕎麥麵 / 蛋麵 / 米粉	1 1/4 碗
全麥意粉	1 2/3 碗
麥皮	2 1/2 碗
藜麥飯（熟）	1 1/4 碗
全麥包	2 塊
薯仔	250 克（約一個焗薯分量）
番薯	280 克
鷹嘴豆	200 克

每份食物含 10 克碳水化合物（醣類）：

食物種類	重量	簡易分量
南瓜	200 克	1 2/3 碗
白蘿蔔	160 克	1 1/4 碗
紅菜頭 / 紅蘿蔔	100 克	3/4 碗
粟米粒	70 克	1/2 碗

食物種類	重量	簡易分量
栗子	20 克	2 粒（大）
車厘茄	170 克	15 粒
牛蒡	40 克	1/3 杯
蘋果 / 橙 / 梨	70 克	1/2 個（中型）
香蕉 / 番石榴	60 克	1/2 個
奇異果 / 柑	100 克	1 個
士多啤梨	170 克	10 粒
提子 / 車厘子	70 克	10 粒（細）/ 5 粒（大）
藍莓	75 克	1/2 杯
無花果	50 克	1 個（中型）
石榴（籽）	50 克	50 克
菠蘿	80 克	1 片
桃駁李	100 克	1 個（小）
百香果	50 克	2 個
覆盆子	100 克	50 粒
黑莓	100 克	2/3 杯
布冧	80 克	1 個
西梅乾 / 無花果乾	15 克	2 粒
提子乾 / 藍莓乾	15 克	15 克
椰棗	10 克	1/2 粒

蛋白質

蛋白質主要為人體提供氨基酸，修復和重建人體組織和細胞。蛋白質對於減肥期間維持肌肉質量、新陳代謝和飽腹感很重要。

蛋白質可以來自肉類及其他替代品，包括魚類、家禽、海鮮、雞蛋、大豆和大豆製品、堅果和豆類。在減「醣」飲食中，建議大約 30% 的能量來自蛋白質。

在 2,000 千卡飲食中，需要 150 克蛋白質（2,000 千卡 ×30% / 4 千卡 =150 克）。其中 85% 來自優質蛋白質（約 130 克）。一份蛋白質提供約 7 克蛋白質，每天應該吃 130 克蛋白質，大約 16 份蛋白質。

每份食物含 7 克蛋白質：

食物種類	重量	簡易分量
豬、牛、羊、雞、鴨、鵝（淨熟肉計）	38 克	4 片或一件體積（如 1 隻大麻雀牌大小）
雞髀	38 克	1/3 隻
雞蛋	60 克	1 隻（大）
蛋白	75 克	2 隻（大）
魚柳（生）	45 克	1 件（6×6×1 厘米）
紅衫魚（生）	45 克	1/3 條（23 厘米長）
鯇魚（生）	45 克	2.5 厘米闊
三文魚 / 鯖魚	35 克	1/3 件
罐裝水浸吞拿魚	30 克	1 大湯匙
蝦（生）	35 克	4 隻（中）
帶子（生）	60 克	4 隻
蟹肉	40 克	40 克

食物種類	重量	簡易分量
硬豆腐	100 克	1/3 磚
鹽滷豆腐	80 克	1/3 磚
腐皮（乾）	15 克	1 1/2 片
素雞	50 克	1/2 條
天貝（tempeh）	35 克	35 克
新豬肉（純植物肉碎）	56 克	1/5 包
植物雞條	35 克	35 克
黃豆（熟）	42 克	4 平湯匙
鷹嘴豆（熟）	90 克	1/3 杯
紅腰豆（熟）	90 克	1/3 杯
扁豆（熟）	80 克	2/5 杯
無糖豆漿	240 毫升	1 杯
牛奶 （全脂 / 低脂 / 脫脂）	240 毫升	1 杯
低脂芝士	30 克	1 1/2 塊
低脂茅屋芝士	60 克	1/4 杯
原味希臘乳酪 （全脂 / 低脂 / 脫脂）	70 克	1/3 杯
原味乳酪 （全脂 / 低脂 / 脫脂）	140 克	2/3 杯
杏仁	30 克	25 粒
合桃	44 克	23 粒
葵花籽	40 克	1/4 杯
花生	28 克	1/5 杯
花生醬 / 杏仁醬	30 克	2 湯匙

脂肪

脂肪是人體必需的營養素，幫助儲存能量、製造人體細胞、合成激素、保持身體溫暖及提供脂溶性維他命 A、D、E 和 K。食物中的脂肪有好壞之分，好脂肪來自植物性食物的不飽和脂肪如植物油、堅果、種子、牛油果、魚類等；壞脂肪主要來自肥肉、加工肉類、牛油、豬油、椰子油、棕櫚油、全脂奶製品的飽和脂肪，以及氫化植物油、人造牛油、批餅、餅乾和炸薯條的反式脂肪。

營養師 SYLVIA 提提您

脂肪是人體必需的營養素，幫助存儲能量、製造人體細胞、合成激素、保持身體溫暖及提供脂溶性維他命A、D、E和K。

壞脂肪增加血液中低密度脂蛋白膽固醇「壞膽固醇」和降低高密度脂蛋白膽固醇「好膽固醇」的水平，從而增加患心臟病的風險；好脂肪則有助降低患心臟病的風險。

以每天 2,000 千卡飲食計算，成年人的總脂肪攝取量不應超過 67 克（2,000 千卡 ×30% / 9 千卡 =67 克）。日常應多攝取以不飽和脂肪如橄欖油、芥花籽油、牛油果油、堅果、種子、牛油果、高脂魚和大豆製品等。

如你遵從高蛋白低醣飲食方法，脂肪攝入主要來自優質蛋白質，例如高脂肪魚、肉類、海鮮、雞蛋和含有優質脂肪的食物（堅果和種子、豆製品、牛油果、橄欖油、牛油果油、芥花籽油等）。與生酮飲食法不一樣，毋須特別加入額外油分。

每份食物含 5 克脂肪：

食物種類	重量（克）	簡易分量
植物油 （如橄欖油、芥花籽油、牛油果油）	5	1 茶匙
牛油 / 人造牛油	5	1 茶匙
花生醬 / 杏仁醬	10	2 茶匙
芝麻醬 / 千島沙律醬	15	1 湯匙
意大利沙律醬	25	1 1/2 湯匙
杏仁	10	8 粒
合桃	8	4 粒
葵花籽	9	1/3 湯匙
奇亞籽	15	1 湯匙
芝麻 / 亞麻籽	10	1 湯匙
牛油果	35	1/4 個（小）

100 克食物的脂肪含量（以生或未煮計算）

食物種類	脂肪（克）	食物種類	脂肪（克）
肉類和肉類替代品			
五花腩	53	午餐肉	30
排骨	23	香腸	28
免治豬肉 （84% 脂肪）	16	火腿	3
瘦豬扒肉	3	日本和牛	66
瘦豬肉	2	牛舌	16
雞髀肉（連皮）	17	西冷牛扒	14
雞翼	13	瘦牛里脊肉	6

食物種類	脂肪（克）	食物種類	脂肪（克）
雞髀肉（去皮）	4	草飼牛扒	4
雞胸肉	2.6	三文魚 / 鯖魚	5
鴨（連皮）	39	鱸魚	2
鴨肉（去皮）	6	比目魚	1.3
鴨胸（去皮）	4	鱈魚	0.7
鵝（連皮）	34	龍蝦肉	1.5
鵝肉（去皮）	7	蜆肉	1
雞蛋	9	蟹肉	0.6
蛋白	0.2	蝦	0.5
鷹嘴豆（熟）	2.6	帶子	0.5
紅腰豆（熟）	0.5	軟豆腐 / 硬豆腐	5
扁豆（熟）	0.4	腐皮	4
牛奶和牛奶替代品			
全脂牛奶	3.2	無糖豆漿	2.1
低脂牛奶	1.9	無糖燕麥奶	2.8
脫脂奶	0.2	無糖杏仁奶	1.2
全脂希臘乳酪	4.4	朱古力雪糕	11
低脂希臘乳酪	1.9	馬蘇里拉芝士（Mozzarella cheese）/ 菲達芝士（Feta cheese）	22
車打芝士（Cheddar cheese）	34	Ricotta 芝士	10
巴馬臣芝士（Parmesan cheese）	27	低脂茅屋芝士	2.3

食物種類	脂肪（克）	食物種類	脂肪（克）
麵包 / 米飯 / 麵條 / 澱粉類蔬菜			
燕麥麩	7.3	油炸鬼	36
燕麥	6.9	菠蘿包	14
藜麥	6.1	牛角包	14
小米	3.1	甜餐包	9.4
黑糯米	2.9	芝麻包	8.6
糙米	2.7	提子包	7.2
薏米	1.2	全麥麵包	3.5
白米	0.8	黑麥麵包	3.3
糯米	0.6	饅頭	1.1
粟米	1.3	即食麵	21
栗子	1.1	全蛋麵	4.4
紅菜頭	0.2	全麥意大利粉	1.4
紅蘿蔔	0.2	日式蕎麥麵（乾）	0.7
芋頭	0.2	米粉（乾）	0.6
薯仔 / 番薯	0.1	新鮮河粉	0.6
零食 / 餅乾 / 糕點 / 其他			
黑朱古力	43	夏威夷果仁	75
薯片	34	合桃	65
芝士夾心餅	25	葵花籽	56
粟米片	21	杏仁	50
堅果棒	20	花生	49

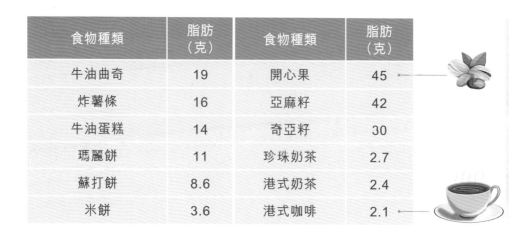

食物種類	脂肪(克)	食物種類	脂肪(克)
牛油曲奇	19	開心果	45
炸薯條	16	亞麻籽	42
牛油蛋糕	14	奇亞籽	30
瑪麗餅	11	珍珠奶茶	2.7
蘇打餅	8.6	港式奶茶	2.4
米餅	3.6	港式咖啡	2.1

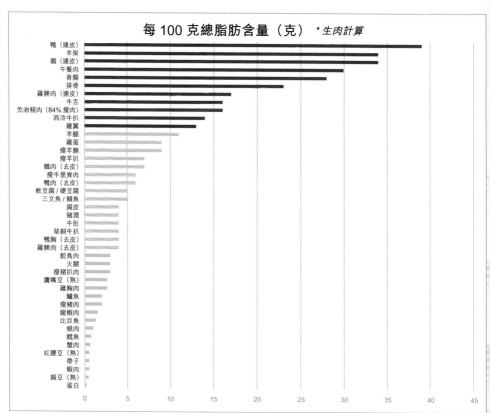

每 100 克總脂肪含量（克） *生肉計算*

鴨（連皮）
羊架
鵝（連皮）
午餐肉
香腸
排骨
雞髀肉（連皮）
牛舌
免治豬肉（84% 瘦肉）
西冷牛扒
雞翼
羊腿
雞蛋
瘦羊腩
瘦羊扒
鵝肉（去皮）
瘦牛里脊肉
鴨肉（去皮）
軟豆腐 / 硬豆腐
三文魚 / 鯖魚
腐皮
豬膶
牛肚
草飼牛扒
鴨胸（去皮）
雞髀肉（去皮）
鴕鳥肉
火腿
瘦豬扒肉
鷹嘴豆（熟）
雞胸肉
鱸魚
瘦豬肉
龍蝦肉
比目魚
蜆肉
鱈魚
蟹肉
紅腰豆（熟）
帶子
蝦肉
扁豆（熟）
蛋白

0　5　10　15　20　25　30　35　40　45

紅色＝減少進食　黃色＝適量進食　綠色＝多進食

低醣飲食生活提案2——全方位減脂營養天書

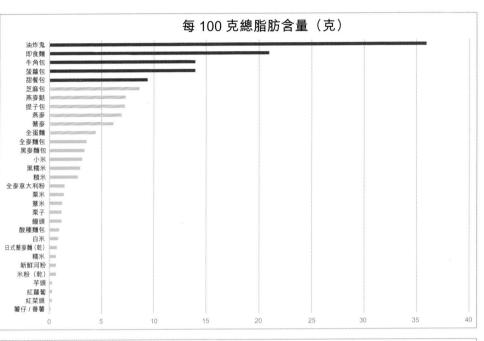

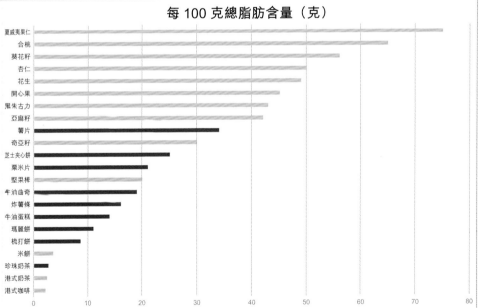

紅色 = 減少進食　　黃色 = 適量進食　　綠色 = 多進食

有效可持續的落磅計劃

膳食纖維

膳食纖維在減肥期間非常重要，因為它有助於減少飢餓感、延長飽腹感、充當益生元來餵養健康的腸道，並保持良好的排便。攝取足夠的膳食纖維不僅有助於減肥，還有助於保護心臟健康，降低患糖尿病、高血壓、癌症和腦部疾病的風險。建議每天最少攝入 25 克膳食纖維，豐富的膳食纖維來源有水果、蔬菜、全穀類、堅果、種子和乾豆。

營養師 SYLVIA 提提您

記得每日要多吃高纖食物，每日應攝取最少25克膳食纖維！

HIGH IN FIBER

建議每天攝取量：

1. 最少吃兩份水果和三份蔬菜。一份水果相當於 1 個蘋果（小型）、橙或梨、半隻香蕉、1 個奇異果或 2 顆西梅。一份蔬菜相當於 1/2 杯煮熟的蔬菜或 1 杯沙律菜。

2. 每天最少吃 3 份全穀物為佳。一份全麥相當於 1/2 杯煮熟的糙米或藜麥、30 克燕麥片、1 片全麥麵包或 3/4 杯煮熟的全麥意粉。

3. 可在飲料加入亞麻籽和奇亞籽；並以堅果和種子作為零食。

4. 用乾豆或扁豆代替肉類蛋白質，也是增加膳食纖維，並同時增加蛋白質攝入量的好方法。

豐富的膳食纖維來源

食物種類	例子
全穀類	燕麥麩、燕麥、蕎麥、大麥、糙米、紅米、野米、藜麥、100% 小麥麵包、粗麥麵包、全麥麵食、蕎麥麵
水果	蘋果，梨，橙，西柚，西梅，牛油果，番石榴，奇異果，火龍果，香蕉、覆盆子、黑莓、藍莓
蔬菜	椰菜花、西蘭花、羽衣甘藍、紫椰菜、椰菜、菠菜、芥菜、球芽甘藍、草菇、番薯、芋頭
乾豆	紅豆、綠豆、黑豆、扁豆、枝豆、青豆、馬豆、白豆
堅果和種子	亞麻籽、奇亞籽、芝麻、杏仁、開心果、葵花籽、南瓜籽

西梅　　　　　牛油果　　　　　橙

椰菜花　　　　羽衣甘藍　　　　菠菜

減磅期間補充微量營養素（Micro）

第二類營養素為微量營養素 Micronutrients（Micro），指各種維他命和礦物質，如鈣、鐵、鉀、鎂、硒、鈉、鋅、維他命 B、C、D 等。

也許你曾聽說過低醣飲食的朋友在剛開始進行減醣時，可能會有心悸、頭暈、手震等不適情況出現，那是身體對於碳水化合物攝取量轉變，由以前的高碳水、高醣模式，切換至低碳/低醣模式，由葡萄糖轉變為由蛋白質及脂肪供應能量的反應之一，當中有數個原因：

1. 進食的比例配搭不對。

2. 身體適應過度期。

3. 過度限制食物選擇，食物多樣性不足。

4. 過度節食。

一般情況下，低醣飲食是不會缺乏營養，也不是每個人的身體會出現過度期，但因為低醣飲食的特性，某些人可能導致礦物質流失，如修正食物比例配搭後仍有問題，就要注意補充微量元素及維他命了。

IRON RICH FOOD

過度節食導致貧血

缺鐵性貧血是因體內缺乏鐵質，影響身體製造用作運輸氧氣及營養的紅血球的一種常見女性疾病。導致缺鐵性貧血的主要原因包括：

1. 飲食期間攝取鐵質不足（例如進行素食、偏食、節制飲食以減輕體重）。

2. 月經期間，血流量過多或時間較正常月經長。

3. 懷孕期間對鐵的需求增加。

4. 其他疾病例如子宮肌瘤，胃潰瘍，胃出血，腹腔疾病等。

一些常見的貧血症狀包括疲勞、虛弱、頭暈、頭痛、感覺寒冷和皮膚蒼白等，其他較嚴重的症狀包括心跳加快或不規則、呼吸急促和胸痛。如果不加以治療，貧血可能導致心臟功能受損，或懷孕時會出現併發症。

成年女士每日鐵攝取量要求是每日 20 毫克；年過 50 歲的女士需要 12 毫克。為了減肥期間預防貧血，要記緊從食物中攝取足夠鐵質。

食物中的鐵質分為兩種，分別是血紅素鐵和非血素紅鐵。血紅素鐵容易被人體吸收，主要來自內臟如肝臟、紅肉（如牛肉、豬肉、羊肉）、海鮮（如青口和蜆）及蛋黃。

非血紅素鐵不易被人體吸收，主要來自植物性食品如菠菜、羽衣甘藍、豆腐、乾豆類、燕麥

有效可持續的落磅計劃

46
47

片、木耳以及強化早餐穀物。維他命 C 可使非血紅素鐵更容易吸收，建議高風險人士尤其素食者，應多吃含豐富維他命 C 的食物，例如橙、西柚、奇異果、士多啤梨、燈籠椒等來吸收非血紅素鐵。建議避免過量或在用餐時喝咖啡或茶，因這些飲料會減少鐵的吸收。

低醣減重期間不忘補鈣

鈣質和骨質健康有很大關係，而女性患骨質疏鬆症的患病率較高，風險因素包括年齡、性別，家族病史、某些慢性疾病和藥物治療、不良飲食習慣，例如鈣和維他命 D 攝取量低，鹽、咖啡因、肉類和酒精的攝取量過多，缺乏運動和吸煙等。

其他缺鈣的症狀包括肌肉酸痛、疲勞、指甲脆弱、皮膚乾燥、頭髮粗糙、脫髮、濕疹或皮膚發炎和牛皮癬。

成人每天需要大約 1,000 毫克鈣。鈣主要食物來源有牛奶和奶製品，包括乳酪和芝士。根據香港成人健康飲食金字塔建議，每天應進食 1-2 份低脂奶製品或其替代品，也可選擇添加了鈣質的豆奶或植物奶來代替牛奶。其他含豐富鈣質的食物包括綠葉蔬菜（如西蘭花、羽衣甘藍、菜心、白菜）、硬豆腐、芝麻和堅果，帶有可食用帶軟骨的魚（例如沙甸魚和銀魚乾）、乾豆和乾果（如無花果乾、提子乾）。

維他命 D 有助減重減脂

有證據表明，攝入足夠的維他命 D 可以促進體重減輕並減少體脂。一項研究顯示，一年內觀察了 218 名超重和肥胖的女性，所有人都限制熱量和運動。一半的女性服用維他命 D 補充劑，另一半服用安慰劑。研究人員發現，攝取足夠維他命 D 的女性體重減輕得較多，比維他命 D 水平不足的女性平均多減掉 7 磅體重。

科學家提出，充足的維他命 D 有助身體減少脂肪積聚，幫助調節食慾，增加睾酮的產生，從而有助減肥。建議每天曬太陽 15 至 20 分鐘，以確保維持維他命 D 水平。

一些食物含有維他命 D，包括蛋黃、芝士、三文魚、沙甸魚、人造牛油和煮食油等。

營養師 SYLVIA 提提您

提醒你每日要晒15分鐘至到20分鐘太陽，為身體製造足夠維他命D!

Vitamin D3
C₂₇H₄₄O

低醣減重時注意補充礦物質

低醣減重期間，最先要注意補充的 3 種微量營養素分別是：鈉、鉀、鎂。

一般來說，身體儲存儲 1 克碳水化合物，就會相應鎖住（儲存）3-4 克水分，進行低醣飲食後，身體會大量排水。排尿增多，會帶走一些電解質，因此應盡量保持足夠的鈉、鉀和鎂水平。

建議日均補充量	建議補充來源	缺乏後出現的情況
鈉 每天不要攝取超過 2,000 毫克（即 5 克鹽）	礦物鹽（如粉紅岩鹽）	口渴、便秘、頭痛、疲倦、心悸等
鉀 每天 2.7 克至 3.1 克	香蕉、木瓜、橙、牛油果、菇類、乾豆、綠葉蔬菜、堅果	抽筋、肌肉無力、虛弱、疲勞、腹脹、便秘、心跳異常、神經刺痛和麻木
鎂 成年女性：每天不少於 220 毫克 成年男性：每天不少於 260 毫克	綠葉蔬菜、堅果、南瓜籽、杏仁、黑朱古力、大豆類、牛油果，乳酪等	食慾不振、噁心、嘔吐、疲勞、虛弱、嗜睡

資料來源：食物安全中心

減重時脫髮與缺乏微量元素有關

科學研究指出，飲食中缺乏鐵質、核黃素（維他命 B2）、C、D、鋅、硒和生物素（Biotin）都可能與脫髮有關。

要攝取足夠鐵質和維他命 B2 可從紅肉，如牛肉、豬肉、羊肉、雞蛋攝取。鋅和硒可從各種海鮮類、堅果和種子攝取得到。而多吃雞蛋、牛油果、菇類、西蘭花、香蕉、番薯、乾豆類食物可幫助攝取生物素。

基本上低醣飲食中的五穀根莖類、蔬菜、肉類、海鮮、蛋類等本身已有很豐富的微量元素，故如吃得多元化，比例正確，是不用額外添補補充劑的。如有需要利用營養補充品補充，建議先諮詢營養師、醫生或藥劑師的意見，不要胡亂服用。

如何進行低醣飲食？
吃甚麼？

「你得我得低醣飲食」是一個非常着重個人化的概念，提供建議的合適食物範圍及方向供讀者選擇，大家可跟據自己的生活習慣、期望、減重目標及口味，來選擇食物及想跟隨實行的版本。「輕鬆及入門版」絕對是你踏出第一步的好開始！「有目標落磅版」顧名思義，就是設定落磅期望，你會看到驚喜！

f 你得我得行動組 by Skye 🔍

你得我得 **輕鬆跟入門版**
#男女適用易做到 #輕鬆hea跟又減到

星期一至六 減醣日
開心食 輕鬆減 飽住瘦

每日餐單概念：

早餐：
蔬果 ＋ 蛋白質 ＋ 奶類 ＋ 種子或豆類
(詳細食物選擇及配搭在資料庫)

午餐：
大量蔬菜 ＋ 優質蛋白 ＋ 原形澱粉
(詳細食物選擇及配搭在資料庫)

晚餐：
配搭與午餐相同
原有飯量可由減半做起 慢慢習慣
水果： 每日兩份拳頭Size*
全日飲水量： 體重kg X 40ml 只計清水 唔計咖啡茶湯
*輕鬆跟入門版無分Cycle *Keep住唔想得 可從應後再揼入Cycle 1

星期日 放鬆OpenDay
叻咗6日 搵一日獎勵自己
食 咩 都 得 ☺

f 陳倩揚 Skye Chan 🔍

f 你得我得行動組 by Skye 🔍

你得我得 **有目標落磅版**

星期一至六 減醣日

每日餐單建議：

早餐： 請參考早餐建議
*詳細食物配搭及比例在資料庫

午餐： 深綠色為主蔬菜類 ＋
優質蛋白質 ＋ 原形澱粉質 *根據周數再調整
*詳細食物配搭及比例在資料庫

晚餐： 焓菜一碗
(炒菜都得/新手未慣可適量加蛋白質)

*全日飲水量以體重kg x 40ml
只計清水 唔計咖啡茶湯*

星期日 放鬆OpenDay
叻咗6日 搵一日獎勵自己
食 咩 都 得 ☺

四大類食物多元配搭

「你得我得低醣飲食計劃」着重以下 4 類食物的比例配搭，務求多元化及營養均衡：

A
綠葉類蔬菜

B
其他顏色蔬菜

C
蛋白質

D
原形澱粉質

A. 綠葉類蔬菜

低醣分，含豐富纖維，充足攝取增加飽肚感。

Weeks 1-8 任何時候可進食，佔 40-50%。

B. 其他顏色蔬菜

不同顏色蔬菜含各種豐富的營養及礦物質。

Week 1-8 任何時候可進食，佔 10-20%*。

* 溫馨提示：為方便大家理解及實行，本書版本改為 Week 1-8 的其他顏色蔬菜分量比例相同，重點是—進食足夠的深綠色蔬菜。

C. 蛋白質

以肉、魚、海鮮、蛋、豆類為主，Weeks 1-8 可進食。

Weeks 1、2、5、6 佔 40%。

Weeks 3、4、7、8 佔 25%。

D. 原形澱粉質

五穀、根莖類容易被消化及吸收，能促進脂肪代謝。用餐次序：蔬菜及蛋白質，最後才吃澱粉質類。

Weeks 1、2、5、6 佔 0%*。

Weeks 3、4、7、8 佔 25%。

* 溫馨提示：每個人的體質、生活習慣、工作性質不同，對碳水化合物所需求的分量也有所不同，請務必按照個人需要選擇減醣計劃。謹記學懂分辨「原形澱粉質」、「精製澱粉質」。減醣並非全戒吃澱粉質，簡單理解澱粉質也有「好澱粉 Good Carb」，原形澱粉類就是大家可以多認識、多嘗試進食的 Good Carb。Good Carb 食物可參考 p.107-111 ABCD 食材一覽圖表。

若開始減少進食澱粉質後有不適的感覺，請循序漸進地進行，選擇輕鬆入門版，基於 2,000 千卡的飲食，每天可攝取碳水化合物約 20-40%、優質蛋白質約 25-40%、優質脂肪約 30-55%、膳食纖維約 25-35 克。

舉個例子供大家參考，如何開始第一步：

❊ 由每餐吃一碗飯減至 3/4 碗，再由 3/4 碗飯減至半碗。

❊ 由只吃白米飯，變為增加優質全穀類澱粉如小米、藜麥、糙米、紅米等，添加纖維可持續飽肚感及減低升糖值，同時不用擔心熱量驟減。

❊ 再按口味及適應度慢慢增加全穀類澱粉比例，久而久之，進食白米的分量逐漸減少。

這樣一步一步地改變習慣，不操之過急，聆聽身體改變的節奏，就能建立一個主動並樂於堅持、舒適地按照個人步伐的可持續減重飲食習慣。

破解對澱粉質的迷思與誤解：醣 VS 糖

每當談及體重管理或減肥時，最常聽到就是「食少 D 肥膩嘢」，即高脂肪食物；另外就是「食少 D 甜嘢」，即減少糖分高的食物。

了解「糖」與「醣」的食物特質

其實，我們需要認識的除了「糖」，還有「醣」。大部分人認知「醣」，都會聯繫到碳水化合物或澱粉質，當中許多人認為如需達到有效減重的目標，必須減少進食，甚至完全不吃含有碳水化合物或「醣」分的食物。如何做到聰明精靈地「食得好飽住瘦」？答案是在「減糖」或「減醣」之前，了解每種碳水化合物的特質，除有助減肥之餘，也確保身體保持攝取必需的營養素。想了解每種碳水化合物的食物特質，可參考以下圖表。

	糖	碳水化合物（醣）
化學結構	單糖、雙糖	由兩個以上至十個糖分子組成的複雜糖分子
種類	葡萄糖、果糖、半乳糖、乳糖、蔗糖	澱粉質、膳食纖維、多醣、寡糖、果膠
食物例子	砂糖、果汁、黃糖、黑糖、蜜糖	紅米、糙米、燕麥片、麵包、麵食、意粉、番薯、薯仔、新鮮水果
特質	可溶於水	大部分不可溶於水
味道	帶甜	味道不帶甜（新鮮水果除外）
吸收速度	較快	較慢
膳食纖維量	低	高

甚麼是升糖指數？

升糖指數（Glycemic Index，簡稱 GI）是基於食物的碳水化合物對血糖水平影響的一個指數，升糖指數可從 0 到 100 排列。科學研究證明，若跟隨健康的均衡飲食，加上多選擇低 GI 食物，有助於減輕體重、控制血糖，並改善血液膽固醇水平，因而降低患上慢性疾病如心臟病，糖尿病，癌症等風險。低升糖指數的食物，有助延長進餐後的飽腹感，減低正餐後不久四處尋找零食止口癮（饞嘴）的出現機會，長期的話可減少攝取多餘熱量、糖分、脂肪等導致肥胖的元兇。

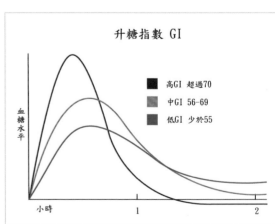

升糖指數 GI

血糖水平

■ 高GI 超過70
▨ 中GI 56-69
■ 低GI 少於55

小時   1   2

如何界定高與低 GI 食物？
高 >70
中 56-69
低 <55

根據 p.58 的圖表，無論「糖」或「醣」分別都有其好處及壞處。大部分高升糖指數的食物屬精煉的碳水化合物，如白飯、糯米、白麵包；甜飲如汽水、運動飲品等，甚至調味糖如白糖、紅糖和蔗糖。

影響升糖較少的食物屬較少精煉，含有豐富膳食纖維、植物蛋白和多種維他命，所以減肥期間應多選這些「醣類」，食物包括燕麥片、藜麥、全麥麵包、鷹嘴豆、蕎麥麵、糙米飯及全蛋麵等。留意一下，奶類產品含有乳糖（糖分），乳糖本身升糖指數低，同時含有蛋白質及脂肪，屬於健康的「糖類」。

一些常見的零食「醣類」如梳打餅，升糖指數達 74，也不含豐富營養，要學習減少進食。相反，一般人以為減肥期間不能吃的黑朱古力，升糖指數只有 23，對胰島素有較少影響，當中含有可可豆的抗氧化物，屬較理想零食，只是進食時記得要控制分量。水果方面，只有少量水果如西瓜、哈密瓜和菠蘿等屬高升糖指數，其他原個水果屬健康「醣類」，分別是中和低升糖指數的食物。

含升糖指數的食物

	高升糖指數食物	中升糖指數食物	低升糖指數食物
	葡萄糖（116）	蔗糖（69）	燕麥片（50）
	佳得樂運動飲品（100）	朱古力雪糕（69）	藜麥（50）
	白飯（96）	燕麥奶（69）	乳糖（46）
	糯米（94）	烏冬麵（62）	全麥麵包（44）
	白麵包（94）	米粉（61）	番薯（44）
	米奶（92）	紅米飯（59）	蘋果（44）
	粟米片（92）	蕎麥麵（59）	薯仔（41）
	白糖（91）	糙米飯（58）	橙汁（41）
	白粥（88）	奇異果（58）	士多啤梨（40）
升糖指數 * 高 >70 中 56-69 低 <55	蜜糖（87）	檸檬雪葩（58）	鷹嘴豆（38）
	饅頭（85）	蛋麵（57）	番茄汁（33）
	壽司米（85）	士多啤梨果醬（51）	脫脂奶（32）
	薯蓉（83）		果味乳酪（27）
	菠蘿（82）		意粉（27）
	西瓜（80）		西柚（26）
	可樂（77）		啤梨（24）
	咖喱豆（76）		布冧（24）
	梳打餅（74）		雜果仁（24）
	牛奶麵包（73）		果糖（23）
	紅糖（71）		黑朱古力（23）
	哈密瓜（70）		原味乳酪（17）
	菠蘿包（65）		全脂奶（11）

* 紅色 = 高升糖指數　　黃色 = 中升糖指數　　綠色 = 低升糖指數

減肥期間，怎樣選擇「糖」和「醣」？

Good Carbs

Bad Carbs

從營養師的角度來看，減肥期間應盡量減少進食含添加糖的加工食物，除了熱量較高之外，往往沒有含重要的營養素，不吃沒一點可惜。這些食物包括汽水、甜飲品、台式飲品、果汁、三合一咖啡／奶茶、蛋糕、甜麵包（菠蘿包、忌廉包）、果汁糖等。世界衛生組織建議，以一個2,000千卡的飲食來計算，成年人每日不超過25-50克「糖分」，這些是指添加糖包括白糖、黃糖、蜜糖和糖漿。

相反，在「減醣」飲食期間，在有限的分量內，應多選擇全穀類食物，如紅米、糙米、藜麥、意粉、全麥包、燕麥片、番薯、蕎麥麵和蛋麵等，也應多選擇其他有益的「醣」類包括牛奶、乳酪、豆奶、乾豆類、果仁及種子和原個水果。建立這個習慣的作用是維持新陳代謝率，提供身體適當能量，增加膳食纖維攝取量，維持減肥期間的飽腹感，吸收多種維他命及維持腸道健康，預防便秘。

所以「減糖」或「減醣」的定義很難劃一解釋，最重要將你的糖／醣分攝取量個人化，才可走出一套適合自己的習慣，以下是一些低醣飲食的碳水化合物比例。

有效可持續的落磅計劃

各種「低醣」飲食比例

種類	每日攝取「醣」分	佔每日總熱量	例子
極低「醣」飲食	≤ 50 克	≤ 10%	生酮飲食（Ketogenic）、食肉減肥法（Dr. Atkin's Diet）
低「醣」飲食	~ 130 克	~ 26%	美國糖尿病協會糖尿病飲食
減「醣」飲食	≤ 200 克	≤ 40%	南灣飲食（South Beach Diet）、地中海飲食法
較高「醣」飲食	250 克	50%	得舒飲食法（DASH）、美國心臟協會低脂飲食、素食、低脂飲食 / 日常健康飲食

* 基於 2,000 千卡的飲食

佔總熱量的比例	低脂飲食	健康飲食	減「醣」/ 低「醣」飲食	生酮飲食
碳水化合物（醣）	55-65%	50%	~20-40%	≤ 10%
蛋白質	15%	15%	~25-40%	20-25%
脂肪	≤ 20%	20-30%	30-55%	65-70%
膳食纖維	25-35 克			

Reference: Comparison of dietary macronutrient patterns of 14 popular named dietary programmes for weight and cardiovascular risk factor reduction in adults: systematic review and network meta-analysis of randomised trials. BMJ 2020; 369

進行減「醣」飲食時，除了要戒「糖」及要適量進食「醣」分攝取量之外，亦要注意增加優質蛋白質、優質脂肪和膳食纖維的的攝取量，多喝水（每天最少喝按體重 KG × 30ML），減少進食加工食物，出外進食要特別留意，還要加入適量運動才可有效減少多餘脂肪。

飲水的重要性

除了選擇正確的食物和控制分量外，正在努力減肥的人最緊要多喝水，建議每天飲用最少以你的體重（KG）×30毫升的喝水量，這個理論不只是空談，科學研究顯示喝足夠水分及體重控制的建議。

根據2019年的回顧研究，通過喝足夠的水來減肥，有助平均減輕5%體重。近年的科學研究解釋，喝水和體重控制背後的機制，是由於喝水使減肥人士減少飲用有熱量的飲品（如汽水、果汁和其他甜飲品），而喝足夠的水分能夠降低整體食慾、增加新陳代謝，甚至促進脂肪分解。喝足夠水分有助身體排除廢物，運動時減少脫水情況，也有助保持皮膚濕潤。

營養師 **SYLVIA** 提提您

除了清水外，可用其他飲品代替，如梳打水、清茶、清湯、稀釋果汁、自製蔬菜汁等。
（含咖啡因飲品和酒精除外）

營養師 **SYLVIA** 提提您

喝足夠水份能夠降低整體食慾、增加新陳代謝，甚至促進脂肪分解。

正在努力減肥的人最緊要多喝水。建議每天飲用最少2至2.5公升。

提升喝水意欲小貼士

如果你是一個不喜歡喝水的人，以下是實用小貼士有助增加喝水量：

1. 設定每日飲水量目標，建議每天飲用最少以你的體重（KG）×30毫升的喝水量，可以每天增加250毫升，直至達到你的目標。

2. 選購一個漂亮又帶吸管的水樽，鼓勵自己多喝水。研究表明，與直接用杯子喝水相比，吸管有助喝更多水。

3. 常常把水樽放在身邊，一有空檔就喝一至兩口。

4. 用餐前、上完廁所後、每朝起床後喝一至兩杯水。運動前、運動期間和運動後記緊補充水分。

5. 使用智能電話的鬧鐘功能，每一至兩小時提醒自己喝水。

6. 除了清水之外，可選擇梳打水、清茶、清湯、自製蔬果汁等（不計算體重 KG × 30 毫升分量在內）。

7. 外出用餐時，不要忘記點選飲用水或其他不加糖的飲料，如無糖檸檬茶、草本茶、青檸梳打水（走甜）等，以鼓勵用餐時多喝水。

8. 水內可加入少量檸檬片、青檸、士多啤梨、薄荷、青瓜、香茅、九層塔、紫蘇葉等材料來優化水的味道，同時也不會增加糖分攝取，但每天的清水分量仍需佔大部分。

9. 每次小便時檢查尿液顏色，如尿液呈黃色，應鼓勵自己多喝水，直至尿液變成淡黃色。

10. 使用應用程序或日記來標記自己的喝水量。

減磅期間可以喝酒嗎？

除了碳水化合物、蛋白質和脂肪可以提供熱量外，酒精也含有熱量。實際上，每克酒精可以為身體提供 7 大卡，而每克碳水化合物或蛋白質則提供 4 大卡，每克脂肪則提供 9 大卡。換句話說，酒精的熱量密度幾乎與脂肪一樣高，所以過量攝入酒精飲料可能會導致體重增加。

過量飲酒不但會影響體重，還會增加患上其他疾病的風險，包括酒精性脂肪肝、肝硬化，甚至肝癌，亦增加患心臟病、高血壓、高血脂、痛風症和腦退化症的風險。

如果你真的想在減肥過程中喝酒，你就要學會聰明地喝。首先要先了解酒精飲料是如何生產，才可以懂得選擇一些較低醣分和低酒精含量的飲品，盡量減少酒精飲品對體重控制的影響。但若短期內想達到落磅目標，可以不喝的盡量少喝，長遠若視「同朋友飲兩杯」是 Fit-life-balance 的一部分，記得要「飲得聰明」啊！

酒精飲料是如何生產？

酒精飲料是在受控環境中，利用酵母令含有醣分的物質，例如葡萄、穀物、大麥、水果、甘蔗和大米等原材料發酵生產的。糖與酵母在不同溫度下產生化學反應，製造了乙醇、二氧化碳和熱量。發酵時間愈長，從糖中轉化的酒精就愈多，所以每 100 毫升的酒精含量愈高，卡路里含量就愈高。

酒精的種類	能量（千卡）（每 100 毫升）	酒精（克）	碳水化合物（克）	糖分（克）
啤酒	43	3.6	3.6	0
白酒	82	10.3	2.6	1
香檳	83	10	2.9	1
紅酒	85	10.6	2.6	0.6
日本清酒	134	16.1	5	0
梅酒	160	15.3	13.7	7.8
杜松子（Gin）/ 伏特加 / 威士忌 / 白蘭地	231	33.4	0	0
利口酒咖啡（Liqueur coffee）	395	25	55	55

哪些酒精飲料含糖量較高？

由於在發酵過程中，糖被轉化為酒精和一些難以消化的碳水化合物，酒精飲料通常含有很少糖分；但日本梅酒、甜酒和利口酒咖啡的糖分特別高。除了純酒精飲料外，雞尾酒的熱量和糖分也高，因雞尾酒通常添加其他非酒精成分，如果汁、糖漿、椰奶、咖啡和茶等。

一杯 Pina Colada 含有相等於一碗多白飯的糖分和兩碗飯的熱量。如你想控制糖分攝取量，最好避免選擇甜酒和雞尾酒。

雞尾酒的種類	每杯（毫升）	能量（千卡）	酒精（克）	糖分（克）	脂肪（克）
Pina Colada	200	526	20	61	17
Sex on the beach	200	326	29	30	0.3
Whiskey Sour	200	249	20	28	0
Tequila Sunrise	200	232	20	24	0.2
Mojito	200	217	17	25	0
Gin and Tonic	140	170	15	16	0
Martini	140	160	23	0.4	0.1
Long Island Iced Tea	140	138	14	10	0
Bloody Mary	140	123	15	5	0
Daiquiri	60	112	14	4	0

資料來源： 1. USDA Nutrient Database
2. https://www.fatsecret.com

應該喝還是不喝？

如果你一向都不喝酒，就不要開始。如果你有喝酒的習慣，建議男士每天不要喝超過 2 單位的酒精飲料，而女士則每天不要喝超過 1 單位。

根據香港衞生防護中心的指引，一個酒精單位的定義是一小杯紅酒（100 毫升）、一小杯啤酒（250 毫升）或 30 毫升烈酒。建議慢慢飲用以控制分量，還要避免暴飲，即在幾小時內飲用超過 60 克酒精（大約 5 杯紅酒）。對於患有高血壓、糖尿病、心臟病、肝病、腦退化症和肥胖症等慢性疾病的人，應盡量少喝。

和朋友吃飯，應該喝甚麼？

如果選擇不喝酒精飲料，最好選擇含糖量不高的飲料，如不加糖的檸檬茶、青檸梳打、黑咖啡和蘇打水等。目前市場上也有無酒精啤酒，其熱量含量非常低，偶爾（只是偶爾啊！）可以作為酒精飲料的替代品。

經常外食能成功減磅嗎？

根據香港衞生防護中心 2015 年的行為危險因素統計，每週午餐時段外出用餐 5 次以上的香港人達 47.6%；而每週外出吃晚餐 2 至 4 次約有 38%。經常外出用餐而不明智地選擇食物，有可能會增加壞脂肪、糖和鹽的攝取量，並減少攝取膳食纖維和必需維他命。

避免外食陷阱

長期不良的飲食習慣可導致肥胖及由肥胖引致相關疾病如高血壓、高膽固醇和糖尿病等風險增加。

以下十項外出用餐健康小貼士，希望可以為大家帶來一個具實用價值的參考。

1. 選有健康菜式的餐廳

現時有不少提供健康菜式選擇的餐廳，包括西餐廳、日本料理、越南菜、提供沙律和三文治的咖啡店、西方素食，廣東菜，甚全快餐店也開始注重提供較健康的選擇。

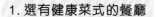

只要你明白「識得揀食得聰明」的概念，外出用餐時就自然懂得精明地開心食得飽。

2. 選擇使用健康烹調方法的菜式

低脂烹調方法包括蒸、灼、焓、烤和焗等，選擇有湯底的菜式，則建議選清湯而不選擇麻辣湯、忌廉湯等。選鮮牛肉湯米粉比用油炒的乾炒牛河更健康。烤雞比炸雞好；焓蛋的脂肪含量比炒蛋低得多。

3. 多選瘦肉或其他代替品

避免選擇高脂肉類如豬腩肉、帶肥排骨、牛腩、雞翼和醃製加工肉（包括午餐肉、香腸、火腿、煙肉等）。為了減少脂肪攝取，建議選擇瘦豬肉片或豬柳、牛腱、牛筋、去皮雞髀、雞柳、雞胸肉、魚、海鮮如帶子和蝦及豆腐等。

營養師 SYLVIA 提提您

外出用餐時常缺乏蔬菜，可提醒自己多點一份灼菜或雜菜沙律來幫助增加膳食纖維，維他命和礦物質的攝取量。

4. 多加一份蔬菜

外出用餐時常缺乏蔬菜，可提醒自己多點一份灼菜或雜菜沙律，來幫助增加膳食纖維、維他命和礦物質的攝取量。

5. 少吃醬汁和沙律醬

醬汁包括白汁、咖喱汁和芝士醬不但高脂肪，鈉含量也很高。點菜時可以要求「走汁」、「汁另上」或進食飯餐時盡量撇去醬汁。

沙律醬如蛋黃醬和千島醬等屬高脂肪醬汁，健康的沙律醬有檸檬汁配黑胡椒粉，初榨橄欖油配沙律醋，以及日本柑橘沙律汁等。

6. 選擇低糖或無糖飲料

多選清水、清茶和清湯作為飲料。應避免飲用

高糖分飲料如汽水、加糖檸檬茶、果汁和台式手搖甜飲等。在餐廳或咖啡店點飲料時，可要求「少糖」或「走甜」，甚至選擇用代糖作調味。若偶爾想喝汽水，可考慮選擇代糖汽水。

溫馨提示一下，改善飲食習慣由逐少減甜開始，不要忘記人身體對甜味的追求是「愈飲愈想飲」的概念，所以長期飲用代糖飲品對調整飲食習慣，不會帶來積極的作用。

7. 少選擇高鹽分食材

避免選擇含鹽分較高的醃製食材，如午餐肉、香腸、火腿、臘腸、鹹蛋、鹹魚和鹹菜等。應多選擇新鮮肉類，如瘦豬肉、去皮雞肉、魚、海鮮和雞蛋等，因吃得太鹹會導致高血壓、腎病，甚至癌症。

8. 不要吃得過快，慢慢吃欣賞食物

嘗試慢慢吃來享受美食，建議至少花 20 分鐘完成一頓飯，我們的大腦需要約 20 分鐘才開始從食物中感覺到滿足感和飽腹感，所以慢慢吃可幫助控制食物分量。建議進食時多咀嚼，不但可以幫助消化，還可以避免進食過快。

9. 不要點過量食物

點了過多食物有機會不自覺地過量進食。如預計不能吃完一份食物，建議可與家人朋友分享，又或將一半留待下一餐或明天進食。盡可能每餐保持七至八成飽，才可減少吃得過飽的情況。

10. 吃飽了，應停止進食

不要因為不想浪費食物，而感到有需要把所有枱上剩餘的食物吃光，亦不建議留守到最後。如有剩菜，可以在保持食物安全及衛生情況下，將剩菜保存起來作下一餐進食。

餐牌的有「營」外食

粥麵店	• 鮮牛肉 / 牛筋 / 鮮魚片 / 鮮豬肉 / 肉片 • 飯 / 麵轉菜底（粥粉麵建議留待 Open Day 才吃）
米線店	• 湯底：清湯或番茄湯（不建議喝湯） • 配料：雞肉、魚片、鮮牛肉 / 牛腱、豬肉片、腐皮、金菇、鮮冬菇、竹笙、芽菜和各種蔬菜。 • 米線菜底（米線建議留待 Open Day 才吃） 
燒味店	• 瘦叉燒（走汁） • 白切雞 / 豉油雞（走汁）
茶餐廳	• 小菜走飯 • 油菜走汁或另上 • 常餐扒類加蛋，走汁或另上 • 套餐可轉菜底走飯（或自備餐盒把飯帶走）
日本菜	• 各式燒魚類定食 • 滑蛋雞扒 • 照燒雞（少汁） • 各種魚生 • 凍豆腐 • 海藻 / 菠菜 / 蔬菜沙律（少醬） • 枝豆 • 茶碗蒸蛋 • 海鮮窩 • 蔬菜豆腐鍋 • Shabu Shabu 日式火鍋
越南菜	• 生牛肉 / 雞絲 / 海鮮 • 燒蝦 • 青木瓜沙律 • 椰菜雞絲沙律 • 香茅燒豬扒 / 雞扒

廣東菜	• 白切雞 • 瘦叉燒 • 清蒸魚 • 肉碎蒸水蛋 • 百花釀豆腐 • 帶子蒸豆腐 • 西蘭花炒帶子 • 雜菜煲 • 杞子上湯浸菜苗 • 各式小菜（選少油、少芡汁、少油炸的菜式）
上海菜	• 蒜泥小青瓜 • 涼拌木耳 • 毛豆百頁清炒 / 火腿津白 • 冬菇扒棠菜 • 醉雞 / 乳鴿 • 滷水牛腱 • 海蜇皮 • 砂窩雲吞雞（雲吞皮、餃皮屬精製澱粉質，留待 Open Day 才吃）
咖啡及三文治店	• 三文治配料：可選火雞、雞肉、燒牛肉、煙三文魚、 　焓蛋、牛油果、小龍蝦（建議選全麥包、雜穀包） • 沙律配料：可選雞肉、牛油果、吞拿魚、三文魚、雞 　蛋、雜豆、蘋果、合桃 • 沙律醬：沙律醋配橄欖油、檸檬汁配黑胡椒
西式 / 日式快餐店	• 香燒雞 • 炸雞（盡量走皮） • 雜菜沙律（少醬或選香醋汁） • 粟米杯 • 雜菜湯 • 麵豉湯

有效可持續的落磅計劃

西式素食	<ul><li>羽衣甘藍無花果沙律</li><li>雜錦藜麥沙律</li><li>希臘沙律</li><li>鷹嘴豆醬烤卷</li><li>豆腐扒</li><li>烤鷹嘴豆餅（falafel）</li></ul>
火鍋	<ul><li>健康湯底：清湯湯底、芫茜皮蛋湯、竹蔗茅根湯、紅蘿蔔粟米湯、鮮番茄湯、鰹魚湯、豆乳湯（不要飲用湯底）</li><li>蔬菜類：各種綠葉蔬菜、菇菌類、番茄，南瓜、白蘿蔔、冬瓜片、竹笙、馬蹄等</li><li>肉類及健康配料：豆腐、鮮腐竹、玉子豆腐、魷魚片、海魚、海蝦、帶子、鮮鮑魚、蟶子、蜆、象拔蚌、鮮鯪魚滑、鮮蝦滑、瘦牛肉片、牛腱、封門柳、牛柳、雞片、鮮豬肉</li><li>醣類：芋絲、粉絲、粟米、芋頭</li></ul>
燒烤（BBQ）	<ul><li>蔬菜類：燈籠椒、各種菇類、番茄 / 車厘茄、露筍、南瓜、洋葱、銀杏、大葱</li><li>新鮮魚類 / 海鮮：蝦、帶子、龍蝦、青口、蠔、鯖魚、三文魚 / 鱈魚扒、烏頭魚</li><li>低脂肉類：雞扒（吃時去皮）、豬扒、西冷扒、牛仔柳、羊腿</li><li>醣類：酸種麵包、番薯、粟米、栗子、鮮菠蘿、香蕉</li></ul>* 健康 Tips：避免進食燒焦部分 

減磅可以吃零食嗎？

「吃零食」經常被誤解為不良的飲食習慣，然而如選擇健康的零食，可以幫助增強能量、改善情緒和工作時的注意力、控制食慾、穩定血糖和增強運動表現。

一般而言，健康零食應提供約 100-200 千卡熱量，不含添加糖，只含較低的飽和脂肪。健康的零食最好含有複合碳水化合物、蛋白質、優質脂肪、膳食纖維和微量營養素。

吃零食的次數取決於個人需要，最好在正餐之間進食，進食時不忘行動組金句：正餐食得啱食得飽，零食癮大減！

吃小食有助補充營養

1. 以水果、果仁、食用種子、低脂乳製品、大豆製品及全穀，有助增加對身體重要的營養素，如膳食纖維、植物蛋白、優質脂肪、維他命 A、B、C、鈣、鎂以及鉀等。

2. 適量進食水果如蘋果、香蕉、梨、提子、藍莓等。

3. 不添加糖的乾果如提子乾、無花果乾、乾杏脯乾亦可作為代替。

4. 其他健康小食如無鹽果仁，能為身體補充單元和多元不飽和脂肪。美國心臟協會建議，食用一至兩把手心分量的果仁（即 30-60 克），能有助提升心臟健康。

吃小食有助控制食慾

每餐之間，尤其是當兩餐正餐相隔的時間較長，食用適量小食尤其富含蛋白質和膳食纖維的零食，有助控制食慾，防止隨後進餐時過度進食。

建議選擇含有豐富蛋白質的小食以延長飽足感，高蛋白質小食包括水烚雞蛋、低脂希臘乳酪、低脂奶、低糖豆奶、無鹽果仁及蛋白棒等。

吃小食有助穩定血糖

低血糖有可能引致疲倦、難以集中精神、暈眩以及情緒波動等症狀，而血糖突然激增卻會引致過到活躍的情緒及疲勞。少食多餐能穩定一天的血糖，有助穩定情緒，達致更佳的工作表現。

建議食用低升糖指數小食，包括全麥三文治配花生醬或低脂芝士、烚番薯、蘋果、梨、車厘子、莓果，以及低脂乳酪和牛奶等。

吃小食有助改善心情及專注力

每天面對沉重的工作，都市人容易感到情緒低落，而健康小食有助促進良好情緒健康。另外，肚餓時會出現「頭昏腦脹」的情況，影響專注力。

建議每 3 至 4 小時進餐有助補充身體能量，吃小食亦可讓我們從繁重的工作中稍作休息或清晰思緒。一些令人開心的的小食包括數片黑朱古力、一把果仁和乾果，以及一杯低脂朱古力牛奶咖啡等，它們不但可以滿足你的食慾，更能讓人紓緩壓力。

請記低以下為大家提供之十大零食圖，行過超市記得入貨啊！

一些健康零食的營養成分

零食種類	分量	熱量 (千卡)	醣質 (克)	總脂肪 (克)	蛋白質 (克)	糖分 (克)	膳食纖維 (克)
無糖杏仁奶	1 杯 (240 毫升)	40	3.4	2.5	2.1	1.1	0.5
布冧	1 個	60	15	0.4	1	14	1.8
提子乾	20 克	60	16	0	0.7	13	0.9
杏脯乾	3 顆 (25 克)	60	15	0	0.8	13	1.8
無花果乾	3 顆 (25 克)	60	15	0	0.8	12	2.1
車厘茄	20 顆	60	14	0.6	2.2	1	4
焗番薯	1 小個 (80 克)	61	14	0.1	4.6	1.1	2

零食種類	分量	熱量 （千卡）	醣質 （克）	總脂肪 （克）	蛋白質 （克）	糖分 （克）	膳食纖維 （克）
脫脂牛奶 咖啡	1 杯 （240 毫升）	72	10	0.2	10	7	0
低脂芝士	兩片	76	1.5	3	10	0.2	0
焓雞蛋	1 隻	78	0.6	5.3	6.3	0.6	0
無糖豆奶	一杯 （240 毫升）	91	3	5	8.5	1.3	1
黑朱古力	2 小塊 （15 克）	82	7.5	5.5	0.9	5.2	1.2
麥包	一片	82	14	1.1	4	1.4	1.9
脫脂奶	1 杯 （240 毫升）	83	12	0.2	12	8.4	0
提子	20 小顆	88	18	0.2	0.7	15	0.9
蘋果	1 個	95	25	0.3	0.5	19	4.4
鈉豆	1 小盒	100	9	4	9	0	5
香蕉	1 隻（中）	105	27	0.4	1.3	14	3
無糖 低脂乳酪	1 杯 （170 克）	107	12	2.6	8.9	12	0
無糖低脂 希臘乳酪	1 杯 （150 克）	110	5.3	2.9	15	5.3	0
焓枝豆	半碗	112	7	6	1.7	9.2	4
牛油果	半個（中）	120	6	11	1.5	0.5	5
蛋白棒	1 條	130	16	4	7	0	3
全麥餅乾	10 小塊	132	20	4.6	2.5	2.7	2.6
車打芝士	30 克	140	0.8	12	8	0	0

零食種類	分量	熱量 （千卡）	醣質 （克）	總脂肪 （克）	蛋白質 （克）	糖分 （克）	膳食纖維 （克）
開心果	30 克	162	8	13	6	2	2.9
腰果	30 克	163	9	13	4.3	1.4	0.9
杏仁	30 克	170	6	15	6	1.4	3.1
合桃	30 克	180	5	17	4	1	2

資料來源：USDA Nutrient Database

紅色＝低醣　　黃色＝低脂肪　　藍色＝高蛋白　　紫色＝低糖分　　綠色＝高纖維

一份奶類 加
一匙奇亞籽
增加飽肚感

黑朱古力
含抗氧化物
有適量可溶性
纖維和礦物質

蘋果
熱量非常低
同時能夠帶來飽腹感

莓類水果
豐富水溶性膳
食纖維
促進腸胃蠕動
幫助消化

HAPPY
TOP
10

青瓜
零脂肪、多種營養
超低熱量、美肌瘦身好拍檔

新鮮水果
配原味乳酪
補充有益腸道益生菌

雞蛋
豐富蛋白質
飽肚之選

車厘茄
含有茄紅素、胡蘿蔔素、
多種維他命及膳食纖維
等，具抗氧化能力

豆類 + 果仁類
豐富蛋白質、優質脂肪
注意果仁類含高熱量 不宜進食過量

芝士類
豐富蛋白質、優質脂肪及多
種微量元素，延長飽足感

有效可持續的落磅計劃

給自己一個開放日（Open Day）

開放日（Open Day）於減重過程中有着非常重要的角色，更更更是能堅持下去的動力，向零食講 bye-bye！

以 2021 年書展見證各組員減這數以十萬磅來說，收到你們對「你得我得減醣法」最熱烈的評價之一就是：「唔使同我最愛嘅雪糕、零食講 bye-bye！減得好開心！」

來一個熱量差，有助衝破平台期

於減重期間，身體的新陳代謝會減慢，加上改變了飲食模式，故需要每星期有一日讓身體知道 —— 其實我並沒有陷入絕食危機，每星期有一天來一個熱量差，讓記憶也做一做運動，減低身體因熱量攝取減少而產生啟動自我保護機制的機會，同時對衝破平台期偶爾也記一功。

令心靈得到慰藉

減肥是長期進行的事，故讓心靈得到休息及滿足也非常重要，加上我們不可能斷絕社交生活；故此，每星期一天的開放日可安排相約家人、知己好友，吃自己喜歡的東西，過一個肚子飽足、心情愉悦的精神放假天。緊記放鬆不放縱！

Open Day 小貼士 2.0

1　放鬆不放縱，Open Day 並不是任食放題，不建議放肆地暴食。

2.　早午晚三餐正常地吃，可選擇茶餐廳早餐；中午跟家人飲茶；晚餐到奶奶家吃家常飯等。

3.　打邊爐、韓燒、麻辣雞煲等不要安排同一日食，每星期選一樣想吃的，若時間許可的話盡量安排在午餐吃進食，早些吃完多點時間消化，不太勉強的話最好飯後慢步 30-45 分鐘。

4.　儘早完成晚餐很重要。如果晚上 10 時才打完邊爐，第二日上磅的數字應該會帶來頗震撼的衝擊。不要氣餒，回到軌道用對的方法，數字只會越來越進步。

5.　預先寫好希望 Open Day 進食的食品，給自己一個完成的期望。

6.　任何時候都請記得喝足夠的水。

7.　打底其實非必須，吃大餐前或出街食飯前，打一杯 Morning Drink 加酵素，將因外出用餐而未必吃到的蔬菜量預先完成，減少擔憂，減少無謂的壓力。

8.　進食後，記緊運動運動一下，消耗攝入的熱量。

最後，溫馨提示一下大家：

Open Day 放鬆心情完成滿足的大餐，翌日磅數加重了是正常現象。只要堅持回到軌道，只會越來越進步。

減磅結果當然視乎你有多少決心，有多能夠融滙貫通及是否依足飲食指示。逐步開始慢慢嘗試，試想想若看長遠結果，給你兩個月節食減到了 20 磅，恢復舊日飲食模式的話很快就會反彈；但放慢腳步不心急，容許小幅度的升跌，同時明白 Open Day 的存在意義，一星期讓自己身心休假一天，吃想吃的東西，做令自己開心的事；但當然如果你已習慣少吃精製澱粉，千萬不要強迫自己一定要吃好多。

一句到尾：保持舒適心情狀態最重要！

團長寄語

千萬不要因為擔心 OpenDay 後會重返而忘記給自己一個心靈休息區！

拆解營養標籤，
需要認識營養標籤的原因

認識營養標籤

營養標籤能讓消費者了解食物的營養價值，繼而與同類產品比較，然後根據有關的營養資料作出健康的選擇。它也可協助一些對有特別膳食需要的人士如糖尿病、肥胖、高血脂或食物敏感病患者挑選合適的食品以助控制病情。

以下是教你如何了解營養標籤的小步驟：

1. 認識材料成分標籤

材料成分表將食品的材料以重量由最多至最少排列，愈前位置的成分表示含量愈高。若含有油、鹽、糖分或添加物質（如防腐劑、味精）等成分排列較前者，還是少選為佳。

2. 選擇低脂產品（總脂肪、飽和脂肪、反式脂肪）

需留意成分標籤列出各種脂肪含量，特別是飽和脂肪及反式脂肪，含量愈少愈好，因長期過量攝取脂肪可引致心血管疾病。避免選用含有大量牛油、豬油、棕櫚油、椰子油及氫化植物油或起酥油的產品。

「低脂」泛指每 100 克固體食物含少於 3 克脂肪，或每 100 毫升液體含少於 1.5 克脂肪的產品。

3. 選擇低糖分產品

需留意成分標籤是否含有砂糖、蔗糖、葡萄糖、粟米糖漿、高果糖糖漿、濃縮果汁、麥芽糖、蜜糖、楓糖漿等添加糖分，若排列較前者，還是少選為佳，因長期過量攝取糖分可致肥胖及蛀牙。

一些產品標榜「不添加糖」，但並不一定屬「無糖」。根據美國食品和藥物管理局，「不添加糖」是指在加工或包裝過程中不添加糖或含糖成分。果汁、果醬、蜂蜜、牛奶和奶製品等食物含有天然糖分，包括果糖、乳糖、半乳糖，應控制食用量。如果擔心糖分攝取量，建議選擇每 100 克或每 100 毫升食物含糖量低於 5 克的低糖產品；或每 100 克或每 100 毫升食物含糖量低於 0.5 克的「無糖」產品。

4. 選擇低鈉質產品

據香港衞生防護中心的資料顯示，成年人每天鈉質攝取量不應超過 2,000 毫克（約 1 茶匙食鹽）或每餐上限為 670 毫克（約 1/3 茶匙食鹽）。鈉質並不只是鹽分，還包括食物中天然的鈉質及來自食物添加劑及防腐劑的鈉質，含量愈少愈好，長期過量攝取鹽分可引致高血壓及腎病。

需留意成分標籤是否列有一些代表高鈉質的材料，包括味精 Monosodium Glutamate（MSG）、硝酸鈉、苯酸鈉、氫氧化鈉等。「低鈉」泛指每 100 克食物少於 120 毫克鈉質的產品。

	甚麼是三高食物？	甚麼是三低食物？
	按每 100 克計算超過	按每 100 克計算不超過
總脂肪	20 克	3 克（固體）/ 1.5 克（流質）
糖分	15 克	5 克
鈉	600 毫克	120 毫克

5. 多選高纖產品

香港衛生防護中心指出，成人每天最少進食 25 克膳食纖維，要達至以上目的除了每天要進食 2 份水果及 3 份蔬菜外，應多選擇全麥高纖五穀類食品如紅糙米、燕麥片、全麥包、全麥意粉和麵食等食品。

留意成分標籤有否含有一些代表高纖維的材料，包括全麥麵粉、全麥、全麥粒、全麥糠、燕麥等。建議選擇每 100 克食物含多於 3 克膳食纖維的高纖產品。

常見食物包裝陷阱

1.「全天然（All Natural）」

指食品不含任何人工成分（例如：色素、防腐劑）或沒有經過基因改造並接受最少加工的產品，例如「全天然」的花生醬或果汁，即使不含人工成分，但脂肪和糖分也很高。而海鹽即使是全天然，仍然含有大量的鈉質。此外，在包裝加上「全天然」聲稱的產品通常會較昂貴。

2.「輕怡或清淡（Light）」

是指與原本的產品相比，所含的熱量低少於三成，而鹽、糖或脂肪少於五成，同時產品所含的脂肪佔總能量少於一半。但產品並不一定屬於低脂、低糖、低鈉之選。一些食品製造商利用這營養聲稱作為一種偽裝，讓消費者相信該產品比其他產品更優勝。「輕怡或清淡」也可指該產品的重量較輕，甚至顏色較淺色或口味較清淡。如果想選擇低脂產品，每 100 克固體食物的總脂肪量應少於 3 克，或每 100 毫升液體的總脂肪量應少於 1.5 克。選擇低鈉產品時，每 100 克食品中的鈉含量應低於 120 毫克。

3.「適合素食者」

近年市場上出現許多素食產品，選擇時記得留意一下產品是否含有不健康的植物脂肪（例如氫化植物油），飽和脂肪和反式脂肪含量是否過高。此外，有些產品含有大量果糖，部油炸蔬菜片和堅果類產品亦含有大量脂肪和鹽分。進食時必須先看清楚食物清籤及控制分量。

超市購物精明眼

當選擇食物時，莫被奪目耀眼的包裝所吸引，應詳細閱讀包裝上列出的健康聲稱與營養標籤資料是否正確無誤，才作出選擇。

❋ 不宜購買大量零食回家，貯存家裏零食愈多，愈易受其誘惑而增加進食量。

❋ 不要被每星期的大減價或贈送的優惠券等吸引而購買大量食品回家。

❋ 購物前可預備一份購物清單，按清單上內容購買，以免多購額外食品。

❋ 避免在肚餓時到超市購買食物，因肚餓時會購買過量，以及較容易選購高熱量食品。

有效可持續的落磅計劃

流行減磅方法利與弊

生酮飲食與體重控制

在醫學上，生酮飲食法是屬於治療癲癇病的飲食方法，尤其常用於治療兒童癲癇病。生酮飲食與早年前的「食肉減肥法」非常相似，提倡進食非常少量碳水化合物，而以高蛋白和高脂肪的食物作為主要食物來源。

進食極少量的碳水化合物，是指每日進食不多於 50 克，即不多於一碗白飯（相等於兩隻香蕉）的碳水化合物。進行這項減肥法的人士可以任意進食肉類、魚、雞、海鮮、雞蛋、芝士和果仁等。每日可以進食最多兩杯沙律菜和一杯含低碳水化合物蔬菜如番茄、紅蘿蔔、青紅椒及洋葱等；但不建議進食水果和奶類，因分別含果糖和乳糖。脂肪可任意選擇牛油果、橄欖及煮食油如橄欖和芥花籽油等，有些人甚至推廣使用椰子油。此飲食法建議跟隨者多喝水分，每日最少 8-10 杯，因為在生酮飲食期間身體會產生大量酮體（Ketone），令身體產生作悶作嘔的感覺，甚至頭痛，而多喝水有助排出酮體減少症狀。

就算進食少量碳水化合物，每星期都要進行3-4 次帶氧運動，才可有效地降低體重。

生酮飲食法可短期內降低體重和血糖的原因
包括：

1. 減少熱量攝取。
2. 不吃碳水化合物，血糖自然會下降。
3. 當血糖不上升，體內的胰島素亦會減少
   分泌，令身體製造較少脂肪或利用較多
   脂肪作為熱量。
4. 生酮飲食法含較高蛋白質和脂肪，增加
   飽腹感，可令患者減少進食量，使體重
   下降。
5. 體重下降能減少胰島素抗阻（insulin
   resistance），改善血糖水平。

根據現時有限的醫學研究指，跟隨生酮飲食法
最有效是在首 3-6 個月將血糖、體重和膽固醇
降低；但大部分跟隨者在依 12 個月以後就沒
有明顯的改善。壞膽固醇雖然在首 6 個月明顯
下降，但大部分跟隨者的水平在 12 個月後回
升，有可能是因為進食大量蛋白質，缺乏從五
穀類和水果攝取的膳食纖維所致。

雖然跟隨者的血糖、三酸甘油酯和壞膽固醇有
改善，但現時還沒有證實生酮飲食法對預防長
期病患及其死亡率有改善的證據。建議長期病
患者例如糖尿病患者不要胡亂嘗試，尤其是需
服用糖尿病藥及需注射胰島素的患者。長者、
孕婦、兒童、過輕和患有其他長期病患的人士，
如癌症、腸胃病、情緒病及飲食失調人士，也

不適合進行生酮飲食。因不恰當進行生酮飲食法，或不適合人士進行後有可能出現副作用，短期會令人頭痛、肚餓、疲倦、頭暈、便秘、失眠、甚至血糖過低。長期可引致營養不良，尤其是維他命 B、C、鎂質和纖維。攝取過量蛋白質可會增加患腎病及腎結石的機會，血內酮體長期過高亦會增加鈣質流失。如真的想嘗試，開始前必須諮詢醫生及註冊營養師的意見。

斷食（Fasting）有助減肥嗎？

近年有研究指適當的斷食可以令血脂、血糖、血壓有改善，亦可減少身體患上炎症的機會而減低患上糖尿病、心臟病、癌症甚至腦退化症。

斷食是指在某一段時間內完全禁止進食或禁止進食大部分食物或飲料。近年流行的斷食方法稱為「間竭性斷食（Intermittent fasting）」。間歇性斷食可分為完全隔日斷食（Complete alternate day fasting）、改良斷食（Modified fasting regime）或限時斷食（Time restricted fasting），還有宗教式斷食和回教徒的齋戒月。

完全隔日斷食	是指斷食期間不可以吃任何含有熱量的東西，只可喝低熱量的飲料，包括清水、清茶、稀釋果汁和草本茶。
改良斷食 （例如 5：2 飲食法）	是指一週內有 5 天可以攝取正常身體所需熱量（約 1,500-1,800 千卡），但每週有 2 天只可以攝取平常熱量的 1/3（約 500-600 千卡）。
限時斷食 （例如 16：8 小時飲食法）	是指每天在某段時間可以進食，其他時間只可以飲用低熱量飲料或完全不進食。

有關短期斷食的研究指，斷食可幫助肥胖人士在 2-12 個星期內減去 3-8% 體重。與熱量控制飲食（Calorie control diet）相比，減肥程度與斷食相若，沒有太大分別；但適當的斷食比熱量控制飲食較容易保持減肥的成績，較少出現體重反彈的情況。雖然斷食可以幫助減輕體重，但暫時仍然沒有證據證實斷食可以減低患上長期疾病的風險。

與生酮飲食法相似，斷食法可產生某些副作用，斷食期間會容易頭痛、肚餓、疲倦、頭暈、便秘、失眠，煩躁，胃灼熱，腹脹甚至血糖過低。無論選擇哪種斷食模式，都必須確保在非斷食期間的進食含足夠營養的食物。專家指間歇性斷食可能只適合於能夠忍受在某段時間內不進食或進食很少的人士使用。長者、孕婦、兒童、過輕和患有長期病患的人士（如糖尿病、癌症、腸胃病、情緒病及飲食失調的人士）都不適合進行斷食。建議若真的想以間竭性斷食的方法減肥，可以諮詢註冊營養師作監察，讓身體攝取足夠營養和減低副作用。

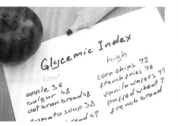

低升糖指數飲食與體重控制

升糖指數（Glycemic Index, 簡稱 GI）是食物的碳水化合物對血糖水平影響的一個指數，升糖指數可從 0 到 100 排列。許多科學研究證明，跟隨健康的均衡飲食，加上多選擇低升糖指數食物有助於減輕體重，控制血糖，並改善血液膽固醇水平，而降低慢性疾病的風險，如心臟病，糖尿病，癌症，以及保持苗條身段。

根據許多大型的研究調查發現，低升糖指數的飲食法有助糖尿病患者改善血糖及血脂的水平。糖尿病患者在進行低升糖指數飲食 8 星期後，三酸甘油酯下降 10% 及壞膽固醇下降 16%。糖尿病患者在進行低升糖指數飲食 10 星期後，糖化血紅素（HbA1c）下降 0.4%，每降低 1% 糖化血紅素，可降低 21% 與仟何糖尿病相關的併發症。對體重控制方面，進食低升糖指數食物有助降低體內胰島素分泌，從而減慢身體把糖分轉化成脂肪儲存。相比起低脂飲食法、熱量控制飲食和健康飲食等，低升糖指數飲食的減重效果與其他健康減肥方法相若。

如何界定高與低升糖指數食物？
高升糖指數食物 >70
中升糖指數食物 56-69
低升糖指數食物 <55

* 可到以下官方網站了解更多血糖指數的詳情，http://www.glycemicindex.com。

影響升糖指數的因素

食物的升糖指數會因為不同因素影響高低。

❋ 不是每種糖分都屬於高升糖指數，糖分的種類如果糖的升糖指數比葡萄糖低。

❋ 食物的結構亦會影響升糖指數，例如原個水果因為含有纖維質，所以其升糖指數比果汁低。

❋ 水果的成熟度亦會影響升糖指數，即是說愈成熟的水果升糖指數愈高。

Glycemic Index

營養師 **SYLVIA** 提提您

有些低升糖指數(GI)的食物亦屬於高脂肪,小心選擇及控制進食量。

❋ 食物若果煮太長時間,例如煲粥,其升糖指數因為熱力能令葡萄糖釋放,升糖指數便會上升。

❋ 食物的脂肪和蛋白質含量相反可令升糖指數下降,例如高脂的即食麵的升糖指數較低脂肪的米粉低。

要提醒的是,雖然低升糖指數食物有助降低血糖,甚至幫助控制體重,但低升糖指數食物也不可以任意進食,過量進食反會影響血糖和體重。有些低升糖指數食物含脂肪量較高,如即食麵、蛋糕、朱古力、炒粉麵等,要小心留意食用量。

如何挑選合適代餐?

每逢夏天快來臨,減肥的熱潮又再回歸,在當眼處都見到各種的減肥產品,在許多平台上都會看到減肥產品,包括社交媒體、電視、雜誌和商店等。最常見的減肥產品莫過於代餐(Meal replacement),無論在藥房還是一些健康產品公司,都會有代餐發售。代餐通常以奶昔(如朱古力、士多啤梨或咖啡味)、熱湯(如蘑菇味或雞湯)或纖麥條形式發售。其實代餐屬於非常低熱量飲食法(Very low-calorie diet, VLCD),產品公司通常聲稱利用代餐來代替一餐止餐,更容易地減少熱量攝取。

代餐之好處

代餐的好處是為減肥人士預定具有指定熱量的食物,因此減肥人士無需自我控制食物分量,省卻不少麻煩,例如經常出外進食,但找不到

健康外食選擇的人士、不願意或不懂得控制食物分量的人，或是偶爾總有想偷懶一下，又或是有一餐太累不想煮的時候，一個合適代餐會是個不錯的選擇。

研究指在適當的醫療人員（包括醫生、註冊營養師、運動教練）監督下，非常低熱量飲食法可在短期內令減肥人士有顯著的成果，達到每星期減去 3-5 磅，首 3-6 個月可減去 8-10% 體重。臨床指引指出非常低熱量飲食法適合體質指數（BMI）超過 30 的人士，或 BMI 超過 27 及有長期病患（如糖尿病和心臟病）的人士跟隨。

選擇代餐你要知

非常低熱量飲食法整日的熱量攝取通常不多於 1,200 千卡，因此選用代餐時也要特別小心，產品必須含有足夠身體所需的碳水化合物、蛋白質、脂肪、維他命和礦物質，而每個代餐的熱量應介乎 150 至 250 千卡，以滿足用家每日的營養需求。若代餐的熱量每份含少於 150 千卡，就不太適合用於代替正餐，可作為小食之用。產品最好含少飽和脂肪和不含反式脂肪，鈉質少於每份 600 毫克，含有較高纖維之選為佳。用家還要記緊不要以為吃了兩餐代餐，第三餐便可以隨意進食，若第三餐不控制的話，用代餐減肥一樣變得沒用！利用代餐減肥之餘必須配合適量運動，例如每星期 3-4 次帶氧運動，每次 30 分鐘，才可有效地減重。

營養師 SYLVIA 提提您

每份代餐的熱量應介乎 150 至 250 千卡，含有 20 至 25 克蛋白質。最好不含飽和及反式脂肪。

一些跟隨非常低熱量飲食法的副作用包括疲倦、便秘、噁心、腹瀉，這些情況通常會在幾個星期內有改善。減肥過快亦會增加患膽石的機會，因非常低熱量飲食法未必可以作為持久的飲食方法，有研究指跟隨非常低熱量飲食的人士體重「反彈」率會較高，所以日常最好配合衡常運動、行為治療及慢慢學會利用正常健康飲食去控制體重才是長久的解決方法。

如何揀選優質代餐？

❋ 計算每個分量的卡路里總量。

❋ 留意每分蛋白質、碳水化合物及脂肪量。

❋ 產品加入多種維他命、礦物質及纖維，令營養得以整全。

❋ 選擇低升糖指數（低 GI）的產品更理想。

❋ 有助穩定血糖及胰島素水平，維持飽肚感。

❋ 有多國醫學研究及臨床實證支持。

❋ 為醫生及營養師選用醫學臨床個案。

❋ 了解品牌的歷史、信譽、口碑及產地。

❋ 清楚生產商，能夠追溯來源。

❋ 多元口味選擇，豐富口感。

❋ 價錢合理，容易購買，方便沖調。

❋ 不含激進成分，沒有副作用。

果汁排毒（Detox）對減肥最有效？

市面有不少以冷壓果汁「排毒」作招徠，建議減肥人士整天以喝果汁作為主要食糧，維持約3-7日不等，聲稱可以時身體排出毒素和有效減輕體重；但從營養學角度來說，「排毒」其實沒有一定的定義，若身體機能沒有問題，身體器官包括腎臟、肝臟、大腸、肺部，甚至皮膚會自然排出身體的廢物或所謂的毒素，並不需要用喝果汁的模式作為排毒。到現時為止，沒有足夠科學證據證明飲果汁可幫助「排毒」。

喝果汁可達致減肥的效果，因為果汁所含的熱量相對一般食物的熱量低，尤其那些以蔬菜打成的蔬菜汁，每樽果汁或蔬菜汁含約50-120千卡不等，若每天喝10瓶果汁才攝取了1,200千卡。比起正常成年人需要攝取的日常熱量減少300-800千卡，理所當然短期內可以減輕體重；但要留意的是果汁並沒有含有身體所需的蛋白質、纖維素和對身體有益的脂肪酸，如長期利用果汁排毒，有機會導致營養不良。

以果汁排毒的注意事項

由於身體在短時間內攝取大量果糖，腸道未必立即適應，會容易引致肚瀉，一般人可能就此誤以為這就是「排毒」的效果。因熱量含量非常低，果糖較高和纖維量甚低，短期來說利用果汁排毒會引致一些不適如肚餓、頭痛、疲倦、肚瀉或便秘等。雖然利用果汁減肥有機會在短時間內減去數磅體重，一旦突然脫離這種

減肥法，會較容易體重反彈。若你真的選擇了果汁斷食，建議不超過最長一星期。當脫離果汁斷食的時候，逐漸增加日常食物，由蛋白質和蔬果開始，最後加入全穀類，好讓身體慢慢適應，減低體重反彈的情況。

另外值得注意的是，購買坊間包裝冷壓果汁，緊記閱讀營養標籤，這些產品售價高但很多時候只是一樽沒有營養的高糖分飲料，利用購買包裝果汁的價錢可用作購買許多新鮮蔬果，在家自製蔬果汁，從而攝取足夠纖維素、維他命、礦物質和對身體有益的抗氧化物，有效達致身體自然排去毒素的功效。建議選擇醣分較低的蔬菜，如苦瓜、青瓜、番茄、菠菜、青紅椒、紅菜頭、紅蘿蔔等，作為蔬菜汁的主要成分。另外，可加入一些糖分和升糖指數較低的水果，例如士多啤梨、藍莓、紅桑子、奇異果、青蘋果、西柚等，加添果汁的味道，同時增加蔬果汁的營養價值。如想增加蛋白質攝取，可考慮加入脫脂奶、脫脂原味希臘乳酪、無糖豆奶，甚至加入乳清蛋白粉，素食者可用黃豆製成蛋白粉。

器材方面，不太建議選用榨汁機，因膳食纖維會被除去，建議選用現時較為流行的破壁機或攪拌機，這樣在飲用的時候，能夠攝取較整全的膳食纖維。

食素有助減肥嗎？

許多研究指出，均衡的素食能減低患上一些長期病患的機會，包括肥胖症、心臟病、高血脂、高血壓、二型糖尿病、腎病、骨質疏鬆症和某些癌症等。近年更有研究指素食有助改善情緒健康，主要的原因是素食者日常攝取較少飽和脂肪、反式脂肪和動物蛋白質，同時攝取較多有益的營養素如纖維素、不飽和脂肪（單元、多元及奧米加 3 和 6 脂肪酸）、維他命 A、C 和 E、葉酸、鉀、鎂、抗氧化物和其他植物原素等。

多元化低脂飲食

只要達到多元化低脂肪均衡飲食，素食和非素食兩者都可令身體更健康。茹素時亦要留意攝取均衡營養，部分素食含非常高的熱量和脂肪，例如炸薯片、薯條、朱古力、汽水、果汁、椰汁、糖果、甜麵包、即食麵、植物牛油、椰子油和棕櫚油、沙律醬或菜油等，多吃會令身體儲存過多熱量導致肥胖。美國心臟病學會 2017 年刊登的研究報告指，跟隨一個不均衡的素食模式令患上心臟病率增加 32%。

另外中國素食的菜式利用油炸、燜、紅燒及多芡汁烹調為多，要倍加留意，例如一碟乾燒伊麵含有 1,300 千卡和 14.4 茶匙油；一碟羅漢齋飯含有 900 千卡和 9 茶匙油，其他如炸豆泡、麵筋、齋滷味、炸枝竹等大豆類食物含油量也非常高，素食者應少吃以上食品。

營養師 SYLVIA 提提您

部分素食含非常高的熱量和脂肪，如炸薯片、薯條、朱古力、汽水、果汁、椰汁、糖果、甜麵包、即食麵、植物牛油、椰子油和棕櫚油、沙律醬等，多吃會令身體儲存過多熱量導致肥胖。

留意飽和脂肪過高

現時市面上有許多用了乾豆做的植物肉，有部分產品因加入了大量椰子油，令產品含有的飽和脂肪過高；所以當選擇這些植物肉產品的時候，記得詳細閱讀營養標籤後才選購。另外不要忘記水果和果汁含果糖和熱量，吃過量有可能影響血糖和三酸甘油酯水平，也不利體重控制。除了糖分和脂肪外，某些即食或加工素食可能含有很高反式脂肪，進食過量有機會增加血液內壞膽固醇，同時降低好膽固醇的水平，增加患上心血管疾病的風險。

目前世界衛生組織和聯合國糧食及農業組織建議，反式脂肪攝取量應維持於極低水平，即少於人體每天所需熱量的 1%。以每天攝取 2,000 千卡的素食者為例，反式脂肪的每天攝取量應少於 2.2 克。

十大高反式脂肪植物性食物

植物性食物	熱量（千卡）	含量（克）
炸薯條（中）	374	2.6
酥皮忌廉湯（1 碗）	410	1.6
椰絲奶油包（1 個）	350	1.5
硬人造牛油（1 湯匙）	100	1.5
威化餅（10 塊）	469	1.1

植物性食物	熱量（千卡）	含量（克）
蛋卷（6 條）	540	1
牛角酥（1 個）	167	0.98
老婆餅（1 個）	304	0.94
咖喱酥皮卷（1 個）	280	0.82
葡撻（2 個）	395	0.82

資料來源：香港食物安全中心及消費者委員會

減肥的原理總離不開以減少食量和多做運動來
燃燒身體額外的脂肪才可達到目標，建議素食
者也要跟隨低脂肪、低糖、高纖維的素食方式
減輕體重。日常多做帶氧運動如急步行、跑
步、踏單車、游泳、行山等，每週 3-5 次，每
次約 30 分鐘。

營養師 SYLVIA 提提您

無論用任何方法減肥，建議每日
最少都要做30分鐘，才可有效
減低身體脂肪比例。

30 項生活小貼士
持續保持健康體重

一直以來，每提起減重，大家總彷彿承受着無形的壓力。壓力來自於 ——「是的，我知道健康很重要，飲食很重要，但……我真的很喜歡吃！減吃 / 戒口很痛很難啊！」

首先，減重不減吃！摒棄「節食先減到肥」這概念，保證你可以「開心食輕鬆減飽住瘦」！

落實健康落磅第一步，不需考驗意志力，不需迷惘、不需捱餓，不需和你最愛的零食說再見。明天就開始在日常生活中加入以下一些習慣，建立一個適合自己步伐的健康飲食習慣。

不要盲目追求磅數的跌幅，我們重視的是整體健康，消脂同時強化肌肉質素，記住肌肉也是有重量的啊！

團長寄語

30 項生活小貼士

1. 多以全穀類食物如原片大燕麥片、紅米、糙米、小米、藜麥,及較少加工澱粉如蕎麥麵、全麥意粉、全麥麵包等作主要醣類來源。

2. 正餐認真吃!選對食物,豐富飽足,零食癮大減!

3. 選較少脂肪、較豐富蛋白質的肉類,例如雞、魚及海鮮。

4. 減少進食較高脂肪肉類,如和牛、豬腩肉、豬手、雞翼等。

5. 吃肉類吸收蛋白質,同時加入植物蛋白如豆類製品。

6. 減少吃加工高鈉食物如煙肉、午餐肉、香腸及火腿等。

7. 食物烹調方法以蒸、煮、燜、燉、炒為主,減少進食煎炸食品。

8. 高溫煎炸食物時注意表面呈微金黃色就可以,避免油溫過高致食物出現焦黑。

9. 選擇飲品時,由逐漸減少糖量開始,讓自己一步一步逐漸習慣少糖甚或走糖。

10. 可以清茶、花茶、自家製檸檬薏米水、黑杞子玫瑰花茶、牛蒡杞子薄荷葉茶代替甜飲品。

11. 飲咖啡或茶時，可根據營養需要選擇加入全脂奶、脫脂或低脂奶代替忌廉、淡奶或植脂奶粉。

12. 出外進餐時，多選擇清湯或蔬菜湯代替各式忌廉湯、冬蔭功湯、麻辣湯等含鹽糖量高、味道較濃的湯底。

13. 除牛油外，可選用無糖花生醬、杏仁醬、牛油果醬、紅菜頭醬（可參考第四章食譜）來塗麵包，代替植物牛油。

14. 外出用膳時盡量減少進食醬汁，點菜時可以要求「走汁」或「汁另上」。

15. 每週可選一天為素食日，以植物蛋白作為蛋白質來源，嘗試配搭不同種類及顏色的蔬菜。

16. 避免進食整份甜品，以淺嘗為目標，與家人朋友分享。

17. 減少酒精攝取，建議每週設定 5 份酒精飲品，同時避免選擇較高熱量及高糖分雞尾酒。

18. 多選擇水果、焓雞蛋、番薯、栗子、果仁、低脂乳酪、脫脂奶、無糖豆漿等作小食。

19. 嘗試慢慢吃、慢慢咀嚼來享受美食，不但可以幫助消化，還可以避免進食過快而不知飽。

20. 購買包裝食品時，學懂閱讀營養標籤，選擇較低脂食品，以每一食用分量少於 3 克脂肪為佳。

21. 閱讀營養標籤時，學習理解每食用分量含糖、鈉、脂肪、熱量、蛋白質等數字。

22. 每日填寫飲食記錄表，或拍下進餐的相片，作為記錄。

23. 建議每星期最少做 4 次運動，每次約 30 分鐘或以上。

24. 運動後應多喝清水，避免飲用汽水、果汁或運動飲料等高熱飲品。

25. 在日常運動中加入 20 分鐘阻力運動，從而強化肌肉，並加快新陳代謝。

26. 使用計步程式或手錶，達至每天行走 8,000-10,000 步。

27. 鼓勵在家做運動，例如呼拉圈、原地踏步、跳繩、踏健身單車等。

28. 與朋友或家人相約一起做運動，互相支持和鼓勵。

29. 閱讀此書後可以低醣飲食為原則，逐步調整飲食習慣。

30. 進行低醣飲食期間，一星期給自己一天 Open Day，享受完後再回到軌道，不要過分抑壓。

如何保持減磅後不反彈？
反彈了如何處理？

經過一番努力減至瘦身目標一刻，你會感到非常興奮及充滿成功感；但此時才是面對另一個挑戰的時候，就是保持瘦身成果。研究顯示成功減肥人士若不堅持健康飲食和恆常運動的原則，在減肥 6 個月至 5 年後，體重有可能反彈，所以減肥成功後一定不可以鬆懈，需繼續自我行為監測。

在美國有一個名為 National Weight Control Registry（NWCR）的組織，自 1994 年開始透過自願性問卷調查收集，調查成功減磅人士的心得及特性，直至現時註冊成員每人平均減少了 66 磅，並將其體重維持了 5.5 年，大部分成功減磅人士都有以下共通的生活習慣：

1. 持續保持健康飲食習慣

採用低脂、低糖、低鹽及高纖的原則飲食，控制食物分量以少肉多菜為主。出外飲食或節日時可放鬆心情享受節日美食，不要遠離基本概念太遙遠，多選健康食物，先吃蔬菜類打底，減少吃零食和高糖分飲品及食物。

2. 堅持低熱量、低脂飲食

飲食以植物性的飲食為主，適量進食動物及植物蛋白質和優質脂肪。

3. 每天吃早餐

保持吃早餐的習慣。在早餐加入高蛋白（例如雞蛋、吞拿魚、希臘乳酪、芝士、堅果和種子）、五穀類和水果，以確保獲得持久的飽腹感。

4. 減少出外進食及吃快餐

每週管理外出進食次數及食物選擇，以及減少吃快餐，外出飲食或節日時要特別注意，詳情可參考 Open Day 小貼士 2.0（參考 p.79）。

5. 保持每天運動 1 小時

已成功減肥人士最好每天繼續做運動的習慣，以保持成果。急步行、緩步跑、睡前拉筋、游水、踏單車或跟着運動影片做練習也是不錯的選擇。

6. 填寫飲食記錄表

填寫飲食記錄表有助計算日常進食分量和作出檢討，減少暴飲暴食的機會。可以利用書寫來記錄飲食日程，也可以使用電子應用程式保存飲食記錄。

踏出成功落磅第一步：
！調整心情！
正面樂觀積極開展計劃
成功離你不遠矣！

團長寄語

What to Prepare

挑選健康食材
攻略

減磅不一定吃昂貴食材，選對食材最重要！

解除了大家對於 # 減肥餐不用分開煮的疑慮之後，相信你們的內心正在燃起更強大的動力去開展下一步，這個下一步就是 —— 去買餸！

這一節我希望強調的就是 —— 健康食材就在你身邊！健康食材不一定昂貴！

看到這裏，我邀請大家翻到本書的第四章（p.169），看看書中分享的各種餐單，細閱一下，你會發現你得我得減肥法的建議食物，能夠令你食得開心飽住瘦的食物，不就是你每天家常便飯的餸菜配搭？直接點説，讓大家瞬間腦海就有既香噴噴又熟悉的畫面。

蛋類料理：

早餐可吃各式炒蛋、煎蛋、溏心蛋、醬油蛋、卷蛋、奄列；
午餐、晚餐可選蒸水蛋、番茄炒蛋、蛋餅、蛋批等。

肉類料理：

蒸肉餅、香煎蓮藕餅、菜心炒牛肉、中式牛仔骨、蘿蔔牛腩、白切雞、海南雞、粟米肉粒、日式牛肉丼、咖喱雞扒等。

海鮮料理：

薑葱蒸魚、薑葱鮮鮑魚、蒜蓉蒸扇貝 / 蟶子、白灼蝦、薑葱炒蟹、豉椒炒蜆、清酒煮花蛤等。讀到這裏，有沒有一點點開始覺得：原來減肥除了真的可以吃得好！選用一般的食材、一般的煮法，就是這麼簡單！

一週備餐攻略

現在就一起想像、一起計劃你的 # 一週備餐攻略，為自己的健康飲食起步吧！

A 類：綠葉類蔬菜

蘆筍	莧菜	菠菜	火箭菜
西芹	椰菜花	白菜、菜心	椰菜
西蘭花	荷蘭豆、蜜糖豆、四季豆等	青瓜、節瓜、翠玉瓜	羽衣甘藍

B 類：其他顏色蔬菜

金菇

紅蘿蔔

蘑菇

白蘿蔔

三色椒

芽菜

韭菜、大蔥

茄子

鴻禧菇 / 秀珍菇

番茄

洋蔥

紫椰菜

以下是蔬菜的耐放度，可以給你靈感計劃一下
應該先煮那些材料：

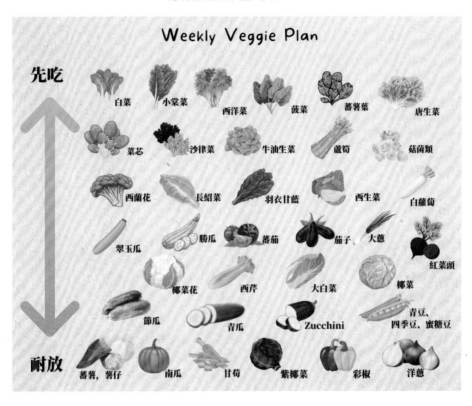

C 類：蛋白質

1. 動物性蛋白：肉類、海鮮、奶類、蛋

❋ 雞：全雞、雞扒、雞鎚、雞柳、雞胸等。

❋ 魚：三文魚、比目魚、銀鱈魚、鯰魚柳、各
類淡水魚及鮮魚等。

❋ 海鮮：蝦、帶子、蟶子、蠔、鮮鮑魚等。

❋ 牛：牛扒、牛仔骨、牛柳粒、火鍋牛肉
片等。

❈ 豬：豬肉、排骨、豬扒、火鍋梅肉片等。

❈ 羊：羊架、羊扒、羊肉片等。

❈ 奶類：芝士、乳酪等。

❈ 蛋：雞蛋、鴨蛋等。

| 全雞 | 牛扒 | 雞髀 | 羊架 | 豬扒 |
| 蝦 | 帶子 | 蠔 | 三文魚 | 比目魚 |

2. **植物性蛋白**：豆類、豆類製品、堅果類、五穀種子類、植物奶

❈ 豆類：紅豆、黃豆、扁豆、黑豆、鷹咀豆、紅腰豆、蠶豆等。

❈ 豆類製品：軟豆腐、硬豆腐、豆腐乾、普寧豆腐、乾枝竹、鮮腐竹、無糖豆漿等。

❈ 堅果類：杏仁、腰果、合桃、開心果等。

❈ 五穀種子類：奇亞籽、亞麻籽、葵花籽、南瓜籽、藜麥、原片大麥片、蕎麥等。

❈ 植物奶：無糖杏仁奶。

| 紅豆 | 黃豆 | 紅腰豆 | 豆腐 | 葵花籽 |
| 豆乾 | 堅果類 | 藜麥 | 原片大麥片 | 植物奶 |

D 類：原形澱粉質

藜麥	紅米	小米	糙米	原片大麥片
紅豆	五穀粗糧	南瓜	番薯	馬鈴薯
蓮藕	粟米	紅菜頭	芋頭	淮山

準備功夫

以下是烹調菜式的小貼士,方便大家煮得輕鬆。

❈ 買餸當天先吃新鮮食物,如喜好海鮮的朋友,晚餐可以選兩、三款適量心水海鮮作為海鮮餐。

❈ 牛肉片、豬肉片放冰櫃雪藏,早一天取出放回冷藏格解凍,方便煮牛肉丼、白菜鍋等。

❈ 三文魚、比目魚、鯖魚等只需放回冰櫃雪藏,煮前預早放回冷藏格解凍。

❈ 新鮮魚可以於買餸當天煮烹調,或原袋不用清洗,直接放到冰格儲存,煮前預早放回冷藏格解凍,再作清洗。

❈ 豬扒、雞扒等可先解凍,再逐一醃製,煮前取出就可以直接煎煮。

建議菜式:薑黃雞扒、蒜蓉豬扒、薑葱雞髀、味噌三文魚或比目魚

一週餐單建議

以下為大家提供一週備餐建議,從中可參考如何運用各食材,一週購買食材一次,減少準備時間。

以下只提供肉類菜式建議,蛋類、蔬菜 A、B 類及原形澱粉質類的配搭,請參考本書食譜(p.169),及上一本著作《健康輕鬆飽住瘦 —— 低醣飲食生活提案》P.143 以後的食譜。

這是我日常烹調的便當，
希望給予大家煮餸靈感。

星期一

午餐：蒸肉餅
晚餐：冬瓜花蛤湯、白灼蝦、菜心炒牛肉

星期二

午餐：蒜蓉蒸排骨
晚餐：蒸魚、白菜鍋

星期三

午餐：洋蔥煎雞扒
晚餐：南瓜海鮮湯

星期四

午餐：鹽燒鯖魚
晚餐：白酒煮青口、雲耳紅棗蒸雞

星期五

午餐：沙薑雞髀飯
晚餐：番茄三文魚

星期六

午餐：青醬大蝦青瓜麵
晚餐：日式牛肉丼（椰菜花飯）

看完以上餐單，我有信心大家不會再有煮健康落磅餐必須「揀貴食材」的想法吧！蔬菜、雞、牛、魚、豬、海鮮都是隨處買到的街市日常食材，豐儉由人，口味絕對可以隨意發揮，只要謹記少油、少鹽、少糖、少醬汁，盡量選用天然調味料已經是很理想的一步了！

原形食物（Whole Foods）VS 加工食物（Processed Foods）

現今社會資源供應比從前進步，食物選擇隨之越來越多。每次為備餐準備日常所需，除到新鮮市場外，超級市場也差不多是必到之所。從營養師的角度看，若食物屬全天然無需加工，當然對身體較有益處。大多數人聽見「加工食物（Processed foods）」，都會想起加工罐頭肉類如午餐肉、腸仔、豆豉鯪魚、五香肉丁等；即食食物包括微波爐叮叮點心、急凍 Pizza、罐頭湯、即食麵、即食薯蓉等；另外大家都認為加工食物添加了許多色素和添加劑，必定對身體有害處。當然，過量進食高糖、高脂、高鹽的加工食物會增加肥胖的風險，甚至會增加長期病患例如糖尿病、心臟病、高血壓、甚至癌症的機會。

可是，透過此書想大家認識到，原來加工食物會劃分為不同的種類，例如有些天然食物必須經過一些加工過程才可以進食，甚至必須加工之後可增加營養的生物可用性（Bioavailability），所以經過「加工」不一定必然是無益、無健康的壞東西。

甚麼是加工食物？

美國農業部（USDA）將加工食品定義為從自然狀態產生變化的食品，即經過洗滌、清潔、研磨、切割、切碎、加熱、巴氏殺菌、熱燙、罐裝、冷凍、乾燥、脫水、混合、包裝或其他使食物從自然狀態改變的程序。

加工食品容許可添加其他成分，如防腐劑、調味劑、營養素，以及其他食品添加劑或已被批准用於食品中的物質，如鹽、糖和脂肪等。若根據這個定義，應該差不多全部在超級市場買到的產品也屬於加工食物。因此在選購產品時，應該學懂分清楚不同程度的加工，才斷定那類食物是否屬於健康或無益。

巴西聖保羅大學公共衛生學院衛生與營養流行病學研究中心，於 2009 年引入加工食品分類系統，稱為 NOVA 食品分類系統，為加工食物列出了四個類別，詳細說明了食物的加工程度。

第一類：未經加工或天然食品 （Unprocessed or natural foods）

這我們指的原形食物，是直接從植物或動物獲取的食物，從天然環境中收割或獲取後不發生任何變化。

另外，最少加工的食物（Minimal processed foods）是指那些經過清洗，去除不可食用或不需要的部分，分餾、研磨、乾燥、發酵、巴氏滅菌、冷卻、冷凍或其他可能會減少部分食物，但未

有添加食用油、脂肪、糖，鹽或其他天然食物成分的產品。這些食物是最有營養的，應該是健康飲食的主要部分。

第二類：加工食材 （Prooooocd culinary ingredients）

這些產品是通過壓榨、研磨、粉碎和精煉等過程，從天然食品或自然食品中提取，用於日常烹調煮湯、餸菜、沙律、批餅、麵包、蛋糕和果醬的調味，可適量地使用油、鹽、糖，配以未經加工或最少加工的食物，做出美味而又健康的食物，亦不失營養均衡。

第三類：加工食品（Processed foods）

屬於工業生產的產品，添加了鹽、糖、油或其他物質到天然或最少加工食品，從而增加保存期或增加食物的味道或營養。這些食物可以直接食用，並被認為是原始食物的加工版本，可用作主要食材或配菜使用。大部分加工食品具有最少兩至三種成分。

第四類：超加工食品（Ultra-processed foods）

完全或大部分的成分由食品中提取的物質如油、糖，鹽、澱粉和蛋白質、食品提取物（如氫化脂肪酸和改性澱粉）、人工合成可食用的物質或其他有機材料（如增味劑、色素和食品添加劑、增加口感的物質）造成。製造技術通常包括擠壓、成形和油炸等處理。當中未經加工或天然食材（第一類）佔極少部分，甚至可完全不存在。

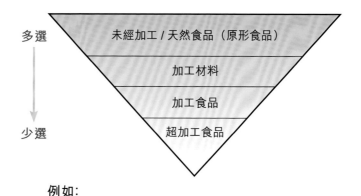

多選	未經加工 / 天然食品（原形食品）
少選	加工材料
	加工食品
	超加工食品

例如：

原形食物	加工食物
薯仔	薯片
粟米	粟米片
雞肉	急凍炸雞塊
蘋果	蘋果汁

分辨優缺點

每類加工食物都有其優點或缺點，無何否定第
一類非加工食物可保留大部分原食物的營養，
但烹調時間會較長，甚至較為複雜。身為都市
人，不是每餐都可以用這些食物烹調成健康的
一餐。所以選擇第三類的加工食品，若果添加
油、鹽、糖等成分不過量，同時增加保存期或
食物味道，方便消費者增加營養，不失為一個
可取之處。

舉個例子，新鮮吞拿魚屬第一類加工食物，而
水浸罐頭吞拿魚屬於第三類。若有時間的話，
當然可把新鮮吞拿魚扒煎熟，配以蔬菜和紅米

飯烹調成均衡營養的一餐；罐頭吞拿魚則方便用作三文治配料，同樣可提供豐富的蛋白質和奧米加3脂肪酸，亦不含大量脂肪。

又例如用大豆提煉的豆漿，雖然蛋白質豐富，但豆奶天然含極少鈣質。若想用豆奶代替牛奶，就必須以加工的方法添加鈣質，才可以令到豆奶的營養媲美天然含鈣的牛奶。

不是每一種加工食物的營養會被流失，例如急凍蔬菜和水果，因為摘取後即時急凍，所以其維他命 C 水平不會比新鮮蔬果少；反而在超級市場放得太久，開始熟透甚至接近爛熟的蔬果，維他命 C 水平可能不及急凍蔬果。所以消費者在購買加工食物時，不要一刀切斷定加工食物必然是無益。要懂得閱讀食物成分表和營養標籤，有利選擇健康加工產品，可方便日常攝取足夠營養，維持身體健康，同一時間亦不失食物味道。

最後想提一提，市面上有不少聲稱健康的減肥產品，雖屬低脂、低糖、低熱量，例如「零醣」麵食、非油炸即食麵／杯麵、低脂薯片和零食、即食湯（鈉含量通常偏高）、代糖飲品、蛋白粉、蛋白棒（通常添加了甜味劑代糖）等，全屬於超加工食物。這些食物為了方便計算卡路里而製造出來，減肥人士如選擇這些營養密度極低且價錢昂貴的超加工食物，不如學懂調教食物分量，烹調美味的完整食物，再配合恆常運動來達致健康減肥的目標。

資料來源：

1. NOVA Food Classification System. https://educhange.com/wp-content/uploads/2018/09/NOVA-Classification-Reference-Sheet.pdf

2. Processed Foods and Health. Harvard T.H. Chan. School of Public Health. https://www.hsph.harvard.edu/nutritionsource/processed-foods/

3. Can processed foods be part of a healthy diet. https://www.heart.org/en/healthy-living/healthy-eating/eat-smart/nutrition-basics/processed-foods

4. Ultra-Processed Food's Impact on Health. Food and Agriculture Organization of the United Nations. http://www.fao.org/3/ca7349en/ca7349en.pdf

原形食物（Whole Foods）的好處 VS 超加工食物（Ultra-processed Foods）的壞處

究竟原形食物有甚麼好處？與我們瘦身有甚麼關係？以下最簡單地講解一下，希望大家有大概的認識。

原形食物對身體的優點

1. 富含各種營養素

原形食物保留了食物的原狀，因此食物本身所含的多種營養素也得到完整的保存，沒有因加工過程而流失。

2. 較具飽足感

2010 年《Nutrition Journal》期刊研究指出，高營養飲食和往常的常規的飲食方式相比，高營養密度飲食者感到飢餓感的頻率較少。

另外，有接近 80% 參與研究者，吃完高營養密度的原形食物後，即使他們吃下的熱量低於低營養密度的飲食，但其飽足感均較大。

這說明了吃原形食物可以助你更容易飽足之外，更可以減少熱量攝取，從而達到減重之目的。

No added sugar

3. 不含精製糖

原形食物不含添加糖，部分只含原本存在的天然醣分，如牛奶的乳糖、水果的果糖等。這些水果和蔬菜的天然醣與精製糖不同，除了含有天然糖分外，同時也存有其他營養物質，如纖維素及維他命。

4. 不含反式脂肪

原形食物也不含人造反式脂肪（Trans fat），反式脂肪是一種不飽和脂肪，主要是將植物油經過部分氫化（Hydrogenated）的方式加工而成。天然狀態下，不飽和脂肪酸以順式（Cis）的方式呈現，但通常不穩定，而且容易氧化。

為了令結構更穩定，使用「氫化」步驟，讓「順式（Cis）」變成「反式（Trans）」，也就是變成固態化的反式脂肪。反式脂肪添加在食品中，可以延長保存期限和增添口感。

反式脂肪較常被添加到加工食品，特別是一些需要高溫烘培的食品，如麵包、餅乾、蛋糕等。

有研究指出，使用人造的反式脂肪會令體重增加；因此要減重的你，應以原形食物為主要食物來源，因為原形食物个含人造反式脂肪。

不過，反式脂肪也有天然形成的，存在於肉類及乳製品中，但含量很少，只要不是長期單一大量攝取即可。

5. 含豐富的水溶性纖維

水溶性纖維進入腸道和水混合後，容易形成凝膠狀態，用來減緩食物通過腸道的速度，間接降低食慾。

研究發現，可溶性纖維可能會減少讓你感到飢餓的激素（飢餓素 Ghrelin）產生。另一方面，可溶性纖維會增加讓你感到飽足感激素的產生，包括類升糖素勝肽 -1（Glucagons-like *peptide-1*, *GLP-1*）和 YY 勝肽。

原形食物通常比加工食品含有更多可溶性纖維，包括豆類、蔬果、番薯等。

6. 富含蛋白質

在減脂的過程中，蛋白質扮演着非常重要的角色。蛋白質可減少飢餓感，增加新陳代謝，就是增加能量消耗。如前文章節提及的「熱量負平衡」，只要熱量的消耗大過攝取量，就可能減重！

研究發現，在飲食中增加 25% 蛋白質，可以減少 60% 對食物的渴望，因此多吃蛋白質，是有助減脂的。沒經過太多加工的原形食物，是最佳的蛋白質來源。

> 營養師 SYLVIA 提提您
>
> 蛋白質主要為人體提供氨基酸，以修補和重建人體組織和細胞。蛋白質對減肥期間維持肌肉質量、新陳代謝和飽足感也很重要。

舉個例子來説明：

	蛋白質（克）	卡路里（千卡）
100 克新鮮免治豬肉（未煮）	16.88	263
100 克豬肉午餐肉（罐裝）	12.5	334

資料來源：食物安全中心

由上述數據可見，相同分量的豬肉，在原形狀態下新鮮豬肉的蛋白質較加工的午餐肉為高，但熱量卻比午餐肉更少，較為健康之餘，也更適合減重人士食用。

其他食材選擇——
油鹽糖調味料、香草及奶製品

如何選擇煮食油？
減肥是否不能攝取油分？

其實想減肥，不一定要戒掉油，雖然油在健康
飲食金字塔佔一個較少的部分，不代表我們要
完全戒掉它。脂肪是身體必需營養素之一，能
提供能量和必需脂肪酸，建造細胞膜、荷爾蒙
及神經系統，調節體溫，促進脂溶性維他命吸
收，提供食物味道和質感及產生飽感。適量進
食好脂肪有助降低患心臟病的機會；攝取太少
脂肪也會影響身體健康。根據香港成人健康飲
食金字塔建議，每人每天應攝取 4-6 茶匙煮食
油，每人每餐進食 2 茶匙健康油最為最適合。

Good oils

食物中的脂肪對健康的影響

血內的膽固醇	飽和脂肪	反式脂肪	單元 不飽和脂肪	多元 不飽和脂肪
低密度脂蛋白 （壞膽固醇）	↑↑↑	↑↑↑	↓↓	↓
高密度脂蛋白 （好膽固醇）	↑	↓↓	--	↓
總心臟病及 中風的風險	↑	↑	↓	↓

血內的膽固醇	飽和脂肪	反式脂肪	單元 不飽和脂肪	多元 不飽和脂肪
食物例子	肥肉、雞皮、雞翼、煎炸食物、全脂牛奶產品、即食麵	港式麵包、餅乾、曲奇餅、酥皮批、炸薯條及薯片、中式點心	果仁和種子、牛油果、高脂魚類、大豆食物（如豆腐和鮮腐竹）	
煮食油	豬油、牛油、雞油、忌廉、酥油、椰子油、棕櫚油	含有反式脂肪人造牛油、植物起酥油	芥花籽油、牛油果油、橄欖油、葡萄籽油、麻油、葵花籽油、紅花籽油、米糠油、粟米油、花生油	

註解：
- 箭嘴方向代表對血內膽固醇上升或下降的影響，愈多箭嘴代表影響幅度越大。
- 箭嘴顏色代表對健康好與壞：紅色代表對身體有負面影響；綠色代表有益健康。

甚麼煮食油適合高溫烹調？

煙點只是油開始冒煙和氧化的溫度，一旦油開始冒煙就開始分解，油脂分解時會釋放化學物質，使食物產生燒焦味或苦味，以及可能傷害身體的自由基。在使用任何油之前，請確保其煙點可以處理適合你的烹調方法。

不同的煮食油賦予其獨特的風味：
- ❈ 具有中性風味的油包括粟米油，米糠油，葵花籽油和紅花籽油。
- ❈ 花生油、榛子油和芝麻油等具有堅果味。
- ❈ 特級初榨橄欖油、初榨椰子油等未精製的油，保留了更多風味和抗氧化物，但煙點較低，適合低溫烹調。

※ 花生油、粟米油、芥花籽油等精製油具有更溫和的味道、煙點高和的保質期較長，適用於油炸、煎炒、燒烤和烘烤等高溫烹調。

煮食油	煙點（攝氏）	高溫烹調	低溫烹調
牛油	150		☑
冷壓初榨橄欖油	163-190		☑
芝麻油	177		☑
初榨椰子油	177		☑
豬油	188	☑	
鴨油	190	☑	
葡萄籽油	199	☑	
芥花籽油	204	☑	
夏威夷果油	210-234	☑	
杏仁油	215	☑	
榛子油	220	☑	
亞麻籽油	225	☑	
花生油	232	☑	
粟米油	232	☑	
葵花籽油	232	☑	
精製椰子油	232	☑	
山茶油（茶籽油）	252	☑	
米糠油	254	☑	
牛油果油	260	☑	
紅花籽油	266	☑	

資料來源：
https://www.masterclass.com/articles/cooking-oils-and-smoke-points-what-to-know-and-how-to-choose#chart-of-oil-smoke-points

低醣飲食生活提案 2——全方位減脂營養天書

哪些調味糖最健康？

添加糖（Added sugar）泛指葡萄糖、蔗糖、果糖和含有這些成分的調味糖，只能為身體提供熱量，含極少量有益營養素。根據世界衞生組織建議，成年人攝取的添加糖佔總熱量不應超過 10%。換句話説，以 2,000 千卡的飲食計算，成年人每天不應攝取超過 25-50 克糖（約 6-12 茶匙糖）。

過量進食含糖食品會導致蛀牙、肥胖症及其他相關疾病，如糖尿病、心臟病、非酒精性脂肪肝，甚至癌症。

很多人會問：「哪種調味糖較健康？」

無論使用甚麼調味糖，它們都是添加糖，沒有一種特別有益健康。對於那些關心血糖的人士，建議考慮使用升糖指數較低的調味糖。

以下是不同調味糖的性質和用法：

調味糖種類	特性	升糖指數	適合用於
麥芽糖 （Maltose）	由兩個葡萄糖分子結合而成的糖。它的甜度低於白糖，但升糖指數高於葡萄糖。	105	糖果、班戟、月餅、中式禮餅、叉燒、燒鵝
葡萄糖 （Glucose）	可被迅速吸收至血液，並刺激快速的胰島素反應。葡萄糖的味道沒有普通白糖那麼甜。	100	各種烘焙食品例如曲奇、糖果、朱古力、蛋糕、運動飲品

調味糖種類	特性	升糖指數	適合用於
白砂糖 （White sugar）	99.9% 蔗糖，從甘蔗的天然糖精煉而成，但完全去除了所有雜質包括營養素。	68	多用途、各種烘焙食品、日常烹調
黃糖 （Brown sugar） 黑糖 （Dark brown sugar） 番紅花糖 （Muscovado sugar）	含有 95% 蔗糖和 5% 糖蜜，帶有拖肥糖的風味和硬度，但與白糖相比，營養價值並沒有很大。	～64	軟身曲奇、香蕉蛋糕、珍珠奶茶
蜜糖 （Honey）	果糖是蜜糖中的主要糖分，其次是葡萄糖和蔗糖。其果糖含量比白糖甜一點。	55	飲品、穀物棒、曲奇、麥皮、多士
果糖 （Fructose）	提供與白糖相同的能量，但其甜度是白糖的兩倍。可以減少 50% 使用量，在食譜中達到相同的甜度。	54	各種烘焙食品
楓糖漿 （Maple syrup）	一種由楓樹的木質部汁液製成的糖漿，含豐富鋅和錳。	54	班戟、早餐穀物、多士
原糖 （Raw sugar） 咖啡糖 （Coffee sugar）	由甘蔗汁製成，呈金黃色。營養方面與白糖幾乎相同，含有少量礦物質。	50	各種烘焙食品、飲品、咖啡、奶茶
棕櫚糖 （Palm sugar） 椰糖 （Coconut sugar）	由椰子樹汁液製成的調味糖，帶溫和的焦糖味。它不像白糖般精製，含有一些礦物質。	41	東南亞菜式如泰國菜、越南菜

調味糖種類	特性	升糖指數	適合用於
龍舌蘭糖漿（Agave syrup）	一種從龍舌蘭的墨西哥植物提取的糖。果糖含量高，比白糖甜 30%。它的升糖指數非常低，糖尿病患者可以使用。	10	班戟、早餐穀物、沙律、飲品

那麼，減少糖分攝取對身體有何好處？

- 減少腸胃不適或頭痛等症狀。
- 減少焦慮、抑鬱情緒等。
- 皮膚減少發炎，減少青春痘出現。
- 膠原蛋白不受傷害，減少皺紋。
- 改善睡眠質素，達至深層睡眠。
- 有機會減低患上心腦血管疾病及癌症風險。

營養師 **SYLVIA** 提提您

減肥人士不一定使用甜味劑作為主要甜味糖，建議日常在飲食或烹調時，逐漸減少糖的使用量，較為健康!

LOW SUGAR

不同甜味劑（代糖）的特點和運用

甜味劑（Sweetener）被稱為代糖，由化學物質或天然化合物合成，能提供高濃度的甜味，因此少量代糖已達到日常採用蔗糖的甜度。代糖較常用的糖類含熱量較少，有些甚至不含熱量，所以很受減肥人士歡迎。

不含熱量甜味劑 VS 含熱量甜味劑

甜味劑主要分為兩類：不含熱量甜味劑及含熱量甜味劑，不含熱量甜味劑的甜度非常高，用很少量可達到理想甜度，所以熱量攝取較少。含熱量甜味劑如果糖、糖醇均含醣質，跟蔗糖含有相同熱量（1 克 = 4 千卡）。許多病人或家屬擔心甜味劑的安全性，傳聞會致癌、增加患退化症的機會或多吃會致肥等。但許多代糖種類已獲糧農組織或世界衛生組織聯合食物添加劑專家委員會批准使用。每種甜味劑有一個「可接受的每日攝入量（Acceptable Daily Intake ADI）」，顯示每天可食用代糖的安全量作為參考。

不含熱量甜味劑種類

種類	比砂糖甜（倍）	熱量（千卡/克）	高溫煮食用	每天安全攝取量（毫克/每公斤體重）	食物添加劑國際編碼
阿斯巴甜 / 天冬先胺（Aspartame）	160-200	4	✘	40	951
薩克林（又稱糖精）（Saccharin）	200-700	0	✘	5	954
醋磺內酯鉀（Acesulfame Potassium）	200	0	✓	15	950
三氯半乳蔗糖（Sucralose）	600	0	✓	15	955
環己基氨基磺酸鹽（Cyclamate）	30	0	✓	11	952
甜菊醇糖貳（Steviol/Stevia/Glycosides/Stevioside）	200-400	0	✓	4	960

種類	比砂糖甜 （倍）	熱量 （千卡／克）	高溫 煮食用	每天安全攝取量 （毫克／每公斤體重）	食物添加劑 國際編碼
索馬甜 （Thaumatin）	2,000-3,000	0	✘	未指定	957
阿力甜（Alitame）	2,000	0	✘	1	956
紐甜（Neotame）	7,000-13,000	0	✔	2	961
羅漢果糖 （Monk fruit / Luo Hon Guo sugar）	10-250	0	✔	未指定	N/A

含熱量甜味劑種類

種類	比蔗糖甜度 （倍）	熱量 （千卡）	高溫 煮食用	註	食物添加劑 國際編碼
稀少糖 （Rare Sugar/ Allulose）	0.7	0.2-0.3	✔	大量進食可致胃部 不適、腹脹和腹瀉	-
木糖醇 （Erythritol）	0.6-0.8	0.2	✔	大量進食可致胃部 不適、腹脹和腹瀉	968
D-塔格糖 （D-Tagatose）	0.75-0.92	1.5	✔	每天食用安全量： 每公斤體重 4 克	-
甘露醇 （Xylitol）	0.5-0.7	1.6	✔	大量進食可致腹脹 和腹瀉	967
益壽糖 （Isomalt）	0.45-0.65	2	✔	成人：每天不超過 50 克 小童：每天不超過 25 克 大量進食可致胃部 不適、腹脹和腹瀉	953

種類	比蔗糖甜度 （倍）	熱量 （千卡）	高溫 煮食用	註	食物添加劑 國際編碼
乳糖醇 （Lactitol）	0.3-0.4	2	✓	個別人士可能導致抽筋，腹脹，腹瀉。素食不宜。	966
麥芽糖醇 （Maltitol）	0.9	2.1	✓	大量進食可致腹脹和腹瀉	965
赤蘚糖醇 （Mannitol）	1	2.4	✓	每次進食 50 克以上可導致腹瀉	421
山梨醇 （Sorbitol）	0.5-0.7	2.6	✓	每次進食 50 克以上可導致腹瀉	420
果糖 （Fructose）	2	4	✓	大量進食可影響血糖、三酸甘油酯和可致腹瀉	-
海藻糖多醣 （Trehalose）	0.45	4	✓	成人：每天不超過 50 克	-

吃太鹹會水腫，如何選用鹽？

鹽含有鈉質，對於神經和肌肉功能最重要。鈉同時幫助調節體內水分，因此進食太多鹽分會引致水腫，影響血壓和血容量。根據香港衛生防護中心建議，成年人每天攝取的鈉不應超過 2,000 毫克（約 1 茶匙鹽）。過量攝取鹽會增加患高血壓、中風、腎臟疾病和骨質疏鬆症的風險。食物內含鹽的主要來源包括調味品（如鹽、豉油、蠔油、番茄醬）、餸汁、湯水，尤其罐頭湯、醃製或罐頭肉（如香腸、午餐肉、煙肉、火腿和醃製蔬菜）、鹹味小吃（如薯片、鹹果仁），減肥時也應盡量少吃。

哪種鹽更健康？真的有分別嗎？

不同類型的鹽可以幫助帶出不同食物的風味，鹽不但可以用於鹹味菜餚，還可以用於甜品包括蛋糕、曲奇餅、雪糕和朱克力，但所有鹽都含有相同量的鈉量，最好謹慎使用。以下是不同調味鹽的特徵和用法：

種類	特徵	烹調用途
食鹽 / 餐桌鹽 （Table salt）	• 含鈉量最高。 • 便宜。 • 質地細膩。 • 可能含有添加劑。	各類菜餚
喜馬拉雅鹽 （Hamalyan salt）	• 鈉含量略低於食鹽。 • 富含鐵和其他礦物質。 • 質地粗糙。 • 比食鹽昂貴。	各類菜餚
海鹽 （Sea salt）	• 可能含有微量的重金屬或微塑料。 • 天然碘化。 • 質地粗糙。	各類菜餚、甜品
碘鹽 （Iodized salt）	• 加碘食鹽。	各類菜餚，用於預防碘缺乏症
凱爾特海鹽 （Celtic sea salt）	• 來自鹽灘的黏土，質感潮濕。 • 未經精製。 • 含有多種礦物質。	魚類、烘烤根莖類蔬菜
鹽之花 （Fleur de sel）	• 用手從鹽池過濾。 • 清淡、片狀、略帶礦物質味道。 • 非常優質的鹽。	非常適合用於烹調，可用於肉類、海鮮、蔬菜，甚至朱克力或糖果
黑鹽 （Black salt）	• 源自夏威夷的黑色熔岩。 • 未經精製。 • 有硫酸味。	豬肉及海鮮菜餚

種類	特徵	烹調用途
紅鹽 （Red salt）	• 夏威夷鹽，紅鹽的顏色來自稱為 Alaea 的夏威夷火山黏土。 • 含有鹽中最高濃度的必需微量礦物質，尤其富含鐵質。	肉類或海鮮菜餚
藍鹽 （Blue salt）	• 產自伊朗，是一種天然岩鹽，富含礦物質，帶一絲絲甜味。	海鮮、牛扒、肉類、甜品和雪糕

如何運用香草和香料？

香草（Herbs）是指植物的任何綠色或綠葉部分，具有芳香特性，用於日常調味，甚至用來作天然草物。香草可以以新鮮或乾燥形式使用，新鮮香草常在烹飪中給人一種強烈的味道，適合用於沙律、炒餸和烤焗，也可用於裝飾。利用乾香草烹調時，最好加入煮食油，先將乾香草擠壓有助喚醒其味道，使味度更濃郁。常見的香草包括歐芹、羅勒、迷迭香、百里香、蒔蘿、芫茜、薄荷、牛至、細香葱、鼠尾草和龍蒿等。

香料（Spices）是指除了綠色或綠葉部分，其他植物的部分，例如種子、果實、花朵、根或樹皮。香料總是以乾燥形式出現，多用於調味，不會作為主要成分。常見的香料包括胡椒、辣椒粉、肉桂、小茴香、八角、小荳蔻、肉荳蔻、薑、薑黃、南薑等。

許多人可能不知道如何將草藥香草和香料與食物搭配，以下是一些簡單的小貼士，希望在烹調上能有所幫助。

香草種類	味道	菜式配搭
葱 （Spring onion）	微辣，帶胡椒味、鮮味；葱頭帶洋葱味。	可以生吃或煮熟，用於許多亞洲菜餚，如蒸魚、炒肉（如牛肉、羊肉）和海鮮（如蜆、蠔）、煎餅、沙律。
芫茜 （Coriander/Cilantro）	柑橘味，清淡甜美。	辛辣菜、咖喱、沙律、湯、雞肉、魚、湯麵，也可與水果搭配（如蘋果、芒果、蜜柚、哈密瓜）。
香茅 （Lemongrass）	具酸檸檬味和香味。	咖喱、冬蔭功湯、豬扒、烤海鮮、越南河粉、香茅飲料。
歐芹 （Parsley）	一種略帶胡椒味的新鮮香草。	豆類沙律、意粉、烤魚、燉肉、藜麥沙律、雞蛋煎餅。
泰國羅勒 （Thai basil）	微辣，有甘草味。	炒肉碎、湯麵、泰式咖喱、泰國和越南美食。
羅勒 （Basil）	品嘗起來像甘草和丁香的混合物。	番茄做的菜餚，如薄餅、意粉、沙律、香草醬（pesto）、西瓜沙律。
迷迭香 （Rosemary）	有點像檸檬和松樹的味道。	常用於肉類調味，尤其是羊肉、豬肉和雞肉，也可用於麵包和薯仔。
百里香 （Thyme）	甜味，微辣。	與羊肉是完美配搭，也可配芝士、扁豆、雞蛋和番茄。
蒔蘿 （Dill）	芹菜、茴香和歐芹的味道。	搭配薯仔、三文魚、沙律醬、烤豬肉、檸檬。
薄荷 （Mint）	味道甜美，薄荷醇可釋放顯著的清涼感。	用於冷熱飲品，可搭配乳酪、薄荷啫喱、羊肉和朱克力。
牛至 （Oregano）	略帶辛辣的甜味。	適合搭配番茄、茄子、椰菜花和羊肉。
細香葱 （Chives）	淡淡的洋葱味。	沙律配菜、蛋沙律、蔬菜湯、忌廉醬、薯仔菜餚和煎蛋餅。

香草種類	味道	菜式配搭
鼠尾草 （Sage）	略帶胡椒的薄荷味。	適合搭配豬肉、牛肉、鴨肉和雞肉，尤其是肥肉。
龍蒿 （Tarragon）	甘草及茴香味，甜味。	適合搭配三文魚、雞肉、牛仔肉、雞蛋和蔬菜如蠶豆、蘆筍和紅蘿蔔。
藏紅花 （Saffron）	甜甜的，花香的味道，味道略苦澀，有金屬味。	燴飯（Risotto）、西班牙海鮮飯、意粉、法式海鮮湯。
青檸葉 （Kaffir lime leaf）	濃郁的柑橘酸味，帶有花香。	叻沙、泰式咖喱、椰子湯、沙律、烤魚和海鮮、清涼飲品。
紫蘇 （Shiso）	新鮮的柑橘味，帶有肉桂、丁香和薄荷的味道，略帶澀和苦味。	搭配高脂魚（三文魚、鱈魚、吞拿魚腩）、沙律、天婦羅、冷凍甜點、飲料、雞尾酒。

香料種類	味道	菜式配搭
胡椒 （Pepper）	辛辣，泥土味及木質味。	可用於各種菜餚，尤其雞肉、紅肉、海鮮、沙律油、意粉、番茄菜式。
辣椒粉 （Paprika）	由特殊種類的甜橙和紅辣椒製成，具有辛辣味道。	為菜餚增添鮮艷的色彩，適合搭配雞蛋、肉類、家禽、野味、魚、貝類、湯、蔬菜、米飯。
花椒 （Sichuan pepper）	味苦，帶辛辣及麻味，有淡淡柑橘味。	麻辣火鍋、水煮魚、酸菜魚、麻婆豆腐、烤雞、四川菜、豬肚湯。
肉桂 （Cinnamon）	帶甜美、木質和果味。	麵包、餅乾、蘋果甜品、法式吐司、燕麥片、橙色根莖蔬菜（如南瓜、番薯、紅蘿蔔）、飲品（如咖啡、牛奶、熱茶）、印度菜，中東菜。

香料種類	味道	菜式配搭
孜然 / 小茴香 （Cumin）	堅果味。	咖喱香料、烤雞翼、羊肉，豬肉、椰菜、椰菜花。
八角 （Star anise）	甘草味。	滷水、清湯蘿蔔牛腩、越南牛肉湯底。
小荳蔻 （Cardamon）	濃郁的香氣和暖意，辛辣的甜味。	家禽、紅肉、扁豆、橙和咖喱（Garam masala）搭配很好。
肉荳蔻 （Nutmeg）	溫暖，辛辣和甜味。	加添至燕麥片、早餐麥片、熱飲（例如咖啡、牛奶、熱朱克力）、椰菜花、番薯、曲奇、香蕉蛋糕、蛋酒、南瓜批。
薑 （Ginger）	具甜辣味。	各種炒菜、湯、飲料、蒸魚、滷水汁、薑餅、番薯糖水、薑茶、可樂加薑。
薑黃 （Turmeric）	有溫暖和泥土的味道，為食物添加風味和顏色（黃色）。	椰菜花飯、咖喱、牛奶飲料、烤魚、雞蛋、豆腐、炒雞肉、鷹嘴豆菜式、鷹嘴豆泥（Hummus）。
南薑 （Galangal）	柑橘味，略帶松樹的味道。	泰式咖喱、叻沙、沙爹醬、冬蔭功湯、炒牛肉、醃料。
月桂葉 （Bay leave）	為醬汁提供「木質」風味。	慢煮湯、燉菜或番茄意粉醬。
五香粉 （Chinese Allspice）	五種香料混合：肉桂、丁香、茴香籽、八角和花椒。	滷牛腱、中式滷味、牛肉麵、醃漬肉類，例如排骨、鹽酥雞。
加拉姆馬薩拉 （Garam Masala）	像咖喱粉一樣的香料混合物，但沒有孜然或香芹籽。	印度菜、咖喱、烤椰菜花、烤三文魚、烤雞髀。

挑選健康食材攻略

如何儲存和處理香草、香料？

對於新鮮香草的短期儲存，先把根莖切短，將香草插入小瓶用水養着。用膠袋鬆散地蓋住，放在雪櫃可存放長達 5 天，每 2 天換一次水。

或用水沖洗香草，用濕紙巾包好，放入膠袋再放入雪櫃儲存。如果香草開始枯萎，可用冰水浸泡數分鐘，再用紙巾抹乾，放入膠袋儲存於雪櫃，可保存數小時。

把香料用器皿密封，放在陰涼乾燥的地方。原粒香料的保鮮期長達 2 年，而磨碎的香料其保質期為 6 個月。將紅色香料如紅辣椒存放在冰箱，可把顏色及風味保存更長時間。

如何選擇牛奶類產品？
全脂奶最天然，抑或脱脂奶最健康？

牛奶能為人體提供天然的、必需的營養素，包括優質蛋白質、鈣、鎂、磷、鉀、維他命 B、B_{12}、D，甚至碘質。牛奶蛋白質易於消化和吸收，有助維持肌肉生長和發育，細胞修復和免疫系統調節。鈣質有助保持牙齒和骨骼健康，甚至控制血壓和體重控制。

説到全脂牛奶與導致體重增加的關係，研究表明，無論進食全脂或低脂牛奶，如果可控制每日總熱量攝入量，都不會使體重增加。兩種牛奶都有助於減少腹部脂肪，並保持測試對象的肌肉質量；但如果不控制熱量攝入，又過量飲用全脂牛奶，無疑會增加肥胖的風險。

全脂牛奶雖然還沒有被完全證實會增加患心臟病、II 型糖尿病、高血壓和肥胖的風險，但其飽和脂肪含量仍然高於其他低脂選擇。如你選擇牛奶作日常飲食一部分，建議多選脱脂或低脂牛奶，而無論鮮奶、超高溫處理過的牛奶飲品或奶粉的營養價值相若，可以因應個人口味或經濟狀況（因奶粉較鮮奶便宜），選擇不同種類的奶類產品。

根據香港健康飲食指引，建議成年人每天進食 1-2 份牛奶和奶製品作為均衡飲食的一部分，如患有乳糖不耐症或對牛奶敏感的人士，建議選擇飲用高鈣低糖豆漿作為代替品。若對大豆敏感，才建議選擇其他植物奶代替。

如何選擇乳酪？

乳酪是一種非常受歡迎的健康食品，它含豐富優質蛋白質、鈣、鎂和益生菌，升糖指數（GI）很低，有助穩定血糖和減輕體重。選擇乳酪時，最好選擇低脂或脫脂的，也不要加添糖分。閱讀包裝上的食品配料表時，配料不應含有任何添加糖，包括白糖、糖漿、水果泥和蜜糖等。

很多人很疑惑為甚麼原味乳酪的營養標籤上顯示含有糖分，這是因為奶製品含有天然存在於牛奶的乳糖。而乳糖是一種低升糖指數的糖，不被視為添加糖，所以可以將其作為健康飲食的部分食用。

乳酪有兩種主要類型，包括希臘乳酪和普通乳酪。希臘乳酪經過多次過濾，去除一些乳清蛋白和乳糖，由於含水量較少，希臘乳酪的蛋白質含量比普通乳酪高。1 杯（150 克）希臘乳酪含有約 15 克蛋白質，而相同分量的乳酪則含有約 8 克蛋白質。由於蛋白質含量較高，希臘乳酪在食用後可能會產生更飽肚的感覺。

市面上還有用豆奶、椰子奶和燕麥乳酪製成的素食乳酪，但純素乳酪的蛋白質含量通常低於牛奶乳酪，建議選擇每份至少含有 5 克蛋白質的產品。椰子乳酪的飽和脂肪含量較高，擔心膽固醇水平的人士應該少吃。與選擇牛奶乳酪類似，應選擇不添加糖的產品。

植物奶種類	分量	熱量（千卡）	醣質（克）	總脂肪（克）	蛋白質（克）	糖分（克）	鈣質（克）
全脂原味希臘乳酪	200 克	194	8	10	18	8[#]	200
低脂原味希臘乳酪	200 克	146	8	3.8	20	7[#]	230
藍莓味脱脂希臘乳酪	200 克	164	26	0.5	14	25	180
蜜糖味脱脂希臘乳酪	150 克	173	28	0	16	25	200
全脂原味乳酪	170 克	104	8	5.5	6	8[#]	206
低脂原味乳酪	170 克	107	12	2.6	9	12[#]	311
脱脂原味乳酪	170 克	95	13	0.3	10	13[#]	338
低脂藍莓味乳酪	150 克	192	36	2.3	6	19	198
大豆乳酪 *	200 克	132	19	3.6	5.2	10	264
椰子乳酪 *	170 克	109	14	6	0.5	13	289
燕麥奶乳酪	170 克	70	9	1.5	6	0	20
杏仁奶乳酪	150 克	140	8	11	4	5	56

* 加鈣　#乳糖
資料來源：USDA Nutrient Database

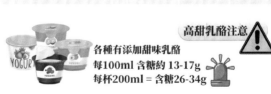

高甜乳酪注意 ⚠️

各種有添加甜味乳酪
每100ml 含糖約 13-17g
每杯200ml ＝ 含糖26-34g

OPTIONS ✓
原味無添加糖乳酪　OR　新鮮水果

如何選擇有營素食產品？

許多研究指出，均衡的素食能減低患上長期病患的機會，包括肥胖症、心臟病、高血脂、高血壓、二型糖尿病、腎病、骨質疏鬆症和癌症等。近年更有研究指出，素食有助改善情緒健康，主要原因是素食者日常攝取較少飽和脂肪、反式脂肪和動物蛋白質，同時也攝取較多有益的營養素如膳食纖維、不飽和脂肪、維他命A、C和E、葉酸、鉀、鎂、抗氧化物和其他植物元素等。而且素食者較非素食較注重其他健康因素，例如少吸煙、少喝酒和多做運動等，因此素食者的體重通常較吃肉的人輕盈，而當中全素食者（Vegan）的體重最輕。

小心高熱量素食

其實只要實行多元化、低脂肪的均衡飲食，無論素食和非素食都可令身體更健康。相反若茹素時吃得不均衡，也很容易導致營養不良或營養過剩。部分素食食品含非常高的熱量和脂肪，如炸薯片、薯條、朱古力、汽水、果汁、椰奶、糖果、甜麵包、即食麵、植物牛油、植脂奶粉、椰子油和棕櫚油和沙律醬等。美國心臟病學會於 2017 年刊登的研究報告指出，跟隨一個不均衡的素食模式，可增加患心臟病率達 32%。

另外，中式素食菜式常利用油炸、油燜、紅燒及多芡汁來烹調，令素食頓時變得不健康。一碟乾燒伊麵含約 1,300 千卡和 14 茶匙油；一碟羅漢齋飯含有 900 千卡和 9 茶匙油，其他如炸豆泡、麵筋、齋滷味、炸枝竹等大豆類

食物，雖然屬於植物性食物，但含油量也非常高，肥胖的素食者應少吃以上食品。

很多認為多吃水果和喝果汁無害，但不要忘記水果和果汁含果糖和熱量，吃得過量有可能影響血糖和三酸甘油酯水平，也不利體重控制。除了糖分和脂肪外，某些素食食品可能含有很高水平的反式脂肪，攝取過量反式脂肪可增加血液內壞膽固醇，同時降低好膽固醇的水平，增加患上心血管疾病的機會。

選低脂、高蛋白全穀類食物

白糖、精鍊的白麵包及白米雖屬於醣類，但加工過程中導致大部分營養素如維他命B、礦物質及膳食纖維流失，建議素食者應多吃未經過分打磨的全穀物，如糙米或紅米飯、全麥麵包、全麥麵和全麥意粉等。市面上常見的全穀類食物包括糙米、紅米、大麥、小麥、蕎麥、藜麥、小米、燕麥、黑麥等。

不可缺的植物性蛋白質

蛋白質可分為完整蛋白質（Complete protein）及非完整蛋白質（Incomplete protein）兩種。完整蛋白質是指含有全部 20 種必需氨基酸食物；非完整蛋白質是指那些未完全含有 20 種必需氨基酸的食物，主要米自穀類、蔬果、堅果、種子和其他乾豆類（黃豆除外）。較健康的植物性蛋白質包括大豆製成品（如硬豆腐、軟豆腐、黃豆、豆腐乾、鮮腐竹、百頁、高鈣低糖豆漿等），其他可提供植物性蛋白質的有乾豆類（如紅豆、黑豆、鷹嘴豆、小扁豆、紅腰

豆等）和各式果仁及種子，甚至果仁醬包括花生醬、杏仁醬、芝麻醬和腰果醬。蛋奶素食者可從雞蛋和牛奶產品中攝取足夠優質蛋白。

細選有「營」脂肪

由於素食者不吃動物脂肪的關係，他們的飽和脂肪攝取量一般比肉食者低，但一些來自植物的脂肪亦含大量有害心臟健康的飽和脂肪，如棕櫚油和椰子油。反式脂肪主要來自部分氫化植物油（Partially hydrogenated oil）、植物起酥油（Vegetables shortening）及人造牛油等。素食者應盡量少吃以上不健康的植物油，多選含不飽和脂肪包括多元及單元不飽和脂肪作為煮食油（參考 p.124），也可多選含有植物性奧米加三脂肪酸的煮食油，包括亞麻籽油和合桃油等。

如何選擇植物奶？

近年植物奶如豆漿、杏仁奶、燕麥奶、藜麥奶、米奶和椰子奶等很受歡迎，很多人認為植物奶較健康，因含零膽固醇，脂肪含量較低，尤其是飽和脂肪。對牛奶過敏或不耐受的人士來說，也會多選用植物奶。

眾多植物奶選擇之中，杏仁奶熱量最低，對體重控制人士來說，用杏仁奶代替全脂奶可助減少熱量攝取。豆奶和椰子奶的總脂肪量是全脂奶的一半，但椰子奶含較高飽和脂肪，建議關注心臟健康的人士多選含較低飽和脂肪的豆奶、杏仁奶、燕麥奶或其他果仁奶作代替。蛋

白質方面，在眾多植物奶之中，只有豆奶的蛋白質可媲美牛奶，其他植物奶則不能，尤其是椰子奶和米奶，蛋白質含量近乎零。

如你選擇植物奶作為日常飲食一部分，應留意各種植物奶的營養成分，尤其是蛋白質、鈣、磷和維他命 B2、B12 和碘質等。一般植物奶的蛋白質、鈣質、維他命 B12 和 D 含量低，建議選擇添加這些營養素的植物奶較為理想。選擇產品時應留意糖含量，建議選擇低糖產品，即每 100 毫升少於 5 克糖分，選擇無糖最佳。

植物奶種類	分量 (1杯=240毫升)	熱量 (千卡)	醣質 (克)	總脂肪 (克)	蛋白質 (克)	糖分 (克)	鈣質 (克)	維他命 D (微克)
無糖杏仁奶 * +	1 杯	40	3.4	2.5	2.1	1.1	482	107
無糖藜麥奶 * +	1 杯	60	9	2.5	1	1	300	101
脫脂奶	1 杯	83	12	0.2	12	8.4#	322	2.6
無糖豆奶 *	1 杯	91	3	5	8.5	1.3	242	1.6
椰子奶飲品	1 杯	100	8	8	0.9	8	72	175
無糖燕麥奶 *	1 杯	101	19	1.5	2	2.9	350	N/A
無糖米奶 *	1 杯	113	22	2.3	0.7	13	283	2.4
無糖開心果奶 *	1 杯	120	18	5.6	2.8	13	36	N/A
無糖合桃奶 *	1 杯	120	1	11	3	0	24	0
椰汁	1 杯	552	13	57	5.5	8	38	0

* 添加鈣　# 乳糖　+ 添加維他命 D

紅色 = 低醣　黃色 = 低脂肪　藍色 = 高蛋白　紫色 = 低糖分　橙色 = 高鈣

資料來源：USDA Nutrient Database

腸道內益生菌的好處

你知不知道原來成人的腸臟裏，有約 100 萬億的細菌稱為「微生物群（Microbiota）」？

若將 100 萬億的細菌平排的話，能圍遙地球 2 次！而人體小腸打開後的面積有一個網球場一樣大，當中細菌的重量約有 1-1.5 千克，在正常成人的腸道中，存有約超過 500 種以上的細菌，其細菌組成有「好菌」，也有「壞菌」，細菌叢失衡時，對人類健康所構成的影響實在不容忽視。

腸臟內的「好菌」即是益生菌（Probiotics）。許多研究顯示，益生菌如活性乳酸菌（Lactobacillus）、雙歧桿菌（Bifidobacterium）等，可以提供腸道細胞額外的能量來源，有促進腸胃道功能和維持良好腸道細菌叢的功用。臨床研究證實，益生菌的好處包括能改善腹瀉或便秘、降低輪狀病毒的感染、調節免疫力、改善腸道抵抗力及幫助消化。最新科學研究更發現，益生菌能有助降低血膽固醇、預防泌尿生殖系統的感染、預防過敏症、幽門桿菌感染，甚至預防癌症。

含天然益生菌的食物

益生菌的食物來源有含活性乳酸菌的飲品、乳酸飲品和芝士等，其他益生菌來源包括酸種麵包、納豆、韓式泡菜（Kimchi）、醃製蔬菜、康普茶（Kombucha）、酸菜（Sauerkraut）、天貝（Tempeh）和克菲爾（Kefir）。

Probiotic

益生元（Prebiotics）則是能保持及促進益生菌生長的物質，例如果寡糖（Fructo-oligosaccharides）。果寡糖可經過腸胃而不被消化，進食益生元後腸內的益生菌如分支桿菌、乳酸桿菌隨之增加，同時壞菌則會減少。

食物中含豐富益生元的食物有全穀類，如紅米、糙米、燕麥片、乾豆類、根莖類蔬菜、蔬果等食物。多進食這類食物不但可以增加攝取膳食纖維量，有助控制體重，同時亦可促進腸度健康細菌增生。

哪種果仁最健康？

果仁是植物蛋白、不飽和脂肪、膳食纖維、維他命 E、鈣、鉀、鋅和硒的良好來源。不同的果仁具有不同的益處：

- ❋ 花生的蛋白質含量最高。
- ❋ 夏威夷果仁的熱量和脂肪，尤其單元不飽和脂肪最高。
- ❋ 合桃的多元不飽和脂肪含量最高。
- ❋ 腰果的醣質含量最高。
- ❋ 杏仁含有最多膳食纖維、鈣和維他命 E，蛋白質含量不錯。

建議最好進食不同類型的果仁，以獲取各種營養。建議每天食用 1-2 盎司（1 盎司 =28 克）無鹽果仁，以幫助降低患心臟病、糖尿病、高血壓、癌症和腦退化等慢性疾病的風險，經常吃適量果仁被證實有助減肥。以下是常見果仁的營養成分：

每 28 克	杏仁	腰果	開心果	合桃	花生	榛子	夏威夷果仁	巴西果仁	松子仁
熱量 (千卡)	163	157	158	185	162	178	201	186	191
蛋白質 (克)	6	5.2	5.8	4.3	7.1	4.2	2.2	4.1	3.9
總脂肪 (克)	14	12.4	12.6	18.5	13.5	17.2	21.5	18.8	19.4
飽和脂肪 (克)	1.1	2.2	1.5	1.7	2.1	1.3	3.4	4.3	1.4
多元不飽和脂肪 (克)	3.4	2.2	3.8	13.4	4.7	2.2	0.4	5.8	9.7
單元飽不飽和脂肪 (克)	8.8	6.7	6.6	2.5	6.1	12.9	16.7	7	5.3
醣質 (克)	6.1	8.6	7.9	3.9	5.9	4.7	3.9	3.5	3.7
膳食纖維 (克)	3.5	0.9	2.9	1.9	2.5	2.7	2.4	2.1	1.1
鉀 (毫克)	200	187	291	125	94	193	116	187	169
鋅 (毫克)	0.9	1.6	0.6	0.9	0.9	0.7	0.4	1.2	1.8
鎂 (毫克)	76	83	34	45	52	46	37	107	71
葉酸 (微克)	14	7	14	28	70	32	3	6	10
維他命 E (毫克)	7.4	0.3	0.7	0.2	1.7	4.3	0.4	1.6	2.6
鈣 (毫克)	75	10	30	28	17	32	24	45	4.5
鐵 (毫克)	1.1	1.9	1.2	0.8	0.6	1.3	1.1	0.7	1.6

藍色 = 最高的
資料來源：USDA Nutrient Database

CHAPTER 3

Questions & Answers

減肥迷思 你問我答

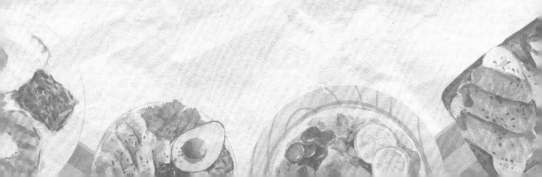

減肥被許多人視為一個需要終身努力經營的事業，明明已經這麼着緊控制飲食，明明已經吃得很少了，為甚麼體重不降反升？在減肥過程中，身邊總有各式各樣的聲音，評論你的方法如何如何，亦當然會遇上不少令人困惑的迷思，也有坊間傳來傳去，讓人患得患失的説法。以下一連串你問我答，就如珍貴的營養師手記，省卻在茫茫資訊大海中載浮載沉的時間，免卻道聽塗説的困惑局面。

迷思 1

減磅是否一定要計卡路里？

減肥人士往往對卡路里計算很敏感，常常給自己一個上限，例如每日不應超過 XXXX 千卡，認為如果超過的話就會減慢進度。很多人亦會利用很多不同 Apps（應用程式）計算每日攝取的卡路里，導致精神緊張。

其實要減磅減得健康，不單止要管理熱量攝取，還要懂得從那裏得到對身體重要的營養素，包括一些宏量營養素（macronutrients）如碳水化合物、蛋白質、脂肪、膳食纖維，以及一些

微量營養素（micronutrients）如鈣、鐵、鎂和各種維他命等，才可以「瘦得健康」。

以一個較「低醣」的飲食來控制體重，建議以全穀類為主的碳水化合物佔每日總熱量大約30-40%、蛋白質佔20-30%，而脂肪則佔不超過35%。減肥期間亦要多攝取不同種類的蔬果來攝取足夠的膳食纖維和微量營養素，飲用適量的牛奶、加鈣豆奶或植物奶產品，來確保鈣質的攝取量。

迷思 2
是否我的意志力不足，所以減磅不成功？

當減少卡路里的攝入，身體為了維持「供需平衡」，就會降低能量的消耗和支出，因為減少了食物能量的攝入，勝肽 YY、胰泌素、膽囊收縮素，這些對油脂和蛋白質有反應的飽足感荷爾蒙感受不到「飽」，於是刺激飢餓感上升，但飽足感荷爾蒙卻仍然降低，讓你就算吃也吃不飽，想吃的慾望卻不斷提升，造成暴飲暴食。這就是節食中人士很容易感到飢餓，時不時跟大腦對抗的原因。你也許會自責意志力薄弱，或是你自認是減肥失敗，其實這是熱量攝取不足的反應，代謝變低、荷爾蒙變得失調，這是身體在抗議！

所以，別再執着於食物熱量表上那卡路里數字，計算卡路里不會讓你瘦得開心，更不能持久，你無可能一世躲開美食，取得平衡，才是最能持久的方式。

迷思 3

為甚麼男士比女士減磅快？

當一對夫婦或情侶嘗試一起減肥時，即使他們從食物中減少的熱量相同，經常會發現男性伴侶比女性伴侶減去的磅數較多及較快。這是因為男性天生比女性擁有較多肌肉和更高的新陳代謝率。換句話說，男士減磅期間熱量消耗比女性多，因而減磅較快。有研究指當男性減肥時會減掉較多內臟脂肪，有助更提高他們的新陳代謝率。相反女性通常會減掉較多皮下脂肪，對提高新陳代謝率的能力較低。在減肥過程中，男性通常對行常運動的依從性較高，女性大多運動量較少，運動消耗的熱量也較少，所以減磅較慢。其實減磅毋須快，目標只要每星期減 1-2 磅脂肪已足夠。減得太快，反彈的機會也更快，也不建議女性減得過快或脂肪比率過低，否則會影響荷爾蒙水平，導致停經、脫髮、怕凍、頭暈等副作用。

團長寄語

「建立可持續的健康飲食方式」是我們的終極目標，落磅，可視為到達目的地的中途站獎勵。

迷思 4

如何可以瘦腩不瘦胸？

許多女士減肥時通常想瘦身不瘦胸，常問營養師是否有食物或飲食方法可以令胸部在減肥時保持尺寸。其實，在科學角度來看，減肥時會使身體儲存最多脂肪的部分減去額外脂肪，而女性的胸部卻是儲存較多脂肪的位置，所以減肥時胸部尺寸減少是無可避免的。

為了避免減肥後乳房下垂，最好多做一些針對胸部的阻力運動，以保持胸部緊緻。從健康角度來看，減少腹腔內的脂肪對預防長期病患最有幫助，而胸部尺寸減少並不會對健康有壞處，如特別在意的話，針對加強胸部肌肉的運動是必需的。建議減肥時多留意身體的脂肪比例，才可達到最終希望獲得健康身體之目的。

迷思 5
減磅時不想流失肌肉，可以怎辦？

使用不當的減肥方法，例如戒掉所有澱粉質或攝取熱量過低，較容易導致肌肉流失，使新陳代謝率下降，導致減重後體重更容易反彈。為了防止減肥期間肌肉流失，必須確保每餐進食足夠的蛋白質，包括雞蛋、瘦肉、去皮雞肉、魚、海鮮或豆腐；吃足夠的複合碳水化合物，如糙米、紅米、全麥麵包、意粉、藜麥、番薯、燕麥片等，防止肌肉於減肥期間被當成熱量，同時建議進行適量的阻力運動。

迷思 6

如何打破平台期？

減肥後新陳代謝率會隨着下降，使每天燃燒的熱量比體重較重時燃燒得少。較慢的新陳代謝會減慢你的減磅速度，當燃燒的熱量相等於進食的熱量時（又稱熱量平衡），就會達到一個平台期。想再減輕體重，你需要增加活動量或相對地減少攝入的熱量，如你每天進行 30 分鐘帶氧運動，平台期時可增加至每天 45 分鐘，同時加入阻力運動；又或者如減肥時每天攝取 1,800 千卡，你可以循序漸進減少至每天 1,500 千卡左右，但不鼓勵將每天熱量減至低於 1,200 千卡，因為這可能進一步降低新陳代謝率，令打破平台期更困難。此外，再次評估你的飲食和運動習慣也很重要，因為許多人在減掉明顯的體重後，對控制飲食和恆常運動的依從性會降低。

迷思 7

瘦就一定健康？

「你那麼瘦，天生食極都唔肥，好羨慕哦！你看我，吸一啖空氣或飲一啖清水都會肥，我都係注定一世做肥人！」

「你那麼瘦，鍾意吃甚麼都得，醫生說我血脂高，血糖和血壓水平偏高，要我減肥和做運動，所以甚麼都不可以食！看看你有多幸福啊！」

很多人會從外表的體重來斷定患病機會率，以為只有肥胖人士才會患上一些常見的疾病，如糖尿病、心臟病、高血壓、癌症等。雖然身體

過重與長期病患會有關係，但不代表纖瘦人士就不需要注重健康飲食和運動。過瘦的人也容易有其他長期病患的機會，如骨質疏鬆症、肌肉流失症、抵抗力較弱、貧血和飲食失調等，而體重過輕亦會增加死亡率。

排除因遺傳原因而令體重偏輕，大部分過瘦人士的飲食習慣可能出現問題，例如偏食或揀飲擇食、食物敏感或食物不耐症、牙齒和吞嚥出現問題、厭食症、因情緒問題致胃口不佳或患上其他較嚴重疾病如癌症、肝病、腎病或腸胃病等，都會影響身體攝取營養。總結而言，太瘦未必一定健康，日常要密切留意飲食，多做運動預防疾病。

迷思 8
吃得少或不吃就會瘦？不肚餓就不要吃？

減肥期間，很多人認為吃得愈少愈好，就會瘦得愈快；但如果吃得太少的話，身體會啟動自我保護機制將新陳代謝減慢，很容易減了數磅之後進入平台期。另外，吃得太少也會較容易肚餓，沒有飽足感容易增加吃零食的機會，反而得不償失。減肥期間沒有飽足感，會令你感到減肥很辛苦，總覺得氣餒，所以建議不要吃得過少。

減肥期間若感到肚餓，就應該進食，建議保持七至八成飽。多進食高蛋白質和高纖食物有助飽足感。每餐之間感到肚餓的話，可選擇高蛋白質小食如焓雞蛋、低脂希臘乳酪配水果、無鹽果仁、焓枝豆、納豆等。

迷思 9

減磅一定要吃「零醣」食物？

市面上流行很多「零醣」食物，例如蒟蒻麵、蒟蒻飯、蒟蒻啫喱等，價錢比一般五穀類昂貴。一包蒟蒻麵約需 $15-20（一碗營養豐富的糙米飯約 $2-3）。這些「零醣」食物標榜不含碳水化合物，當然也不含其他對身體有益的營養素，似乎跟吃空氣或飲清水沒有分別。因這些產品完全沒有熱量，進食後沒法達到長久的飽足感，更令人容易肚餓，增加進食其他食物的機會。

營養師 SYLVIA 提提您

「零醣」食物標榜不含碳水化合物，也不含其他對身體有益的營養素，如跟吃空氣或飲清水沒有分別。這些產品完全沒有熱量，吃完後沒法達到長久的飽足感，使容易肚餓，增加進食其他食物的機會。

? Zero Carbs

其他「零醣」食物還包括代糖汽水、代糖糖果、香口膠等，大多數以無熱量的甜味劑製造，適量進食沒有太大問題，但大量進食有機會引致肚瀉，影響腸道微生物群及增加嗜甜的傾向。我們主張的是控制醣分攝取量，不是完全戒掉醣質，所以不建議減肥期間完全倚賴這些產品。

迷思 10

不能吃香蕉、榴槤？

我們經常聽說減肥期間不能吃香蕉，因吃掉一隻香蕉相等於吃半碗飯。此外，也經常聽說榴槤含糖量很高，所以減肥時一定不要吃。

營養師 SYLVIA 提提您

香蕉含豐富水溶性纖維、鉀和維他命 B_6，對心臟、腸道和神經系統都有好處。減肥期間都可以食！
一隻香蕉＝兩份水果

其實，香蕉和榴槤屬於水果類，含有天然果糖，也含有許多對健康有益的營養素。香蕉含豐富水溶性纖維、鉀和維他命 B_6，對心臟、腸道和神經系統都有好處。榴槤則含豐富膳食纖維、維他命 A、C、葉酸和鉀質，有益視力、

腸道和增強免疫力的功效。只要控制好分量，減肥期間各種水果都可以吃，每天應該吃 2-3 份水果。一份水果相當於半隻香蕉、一隻雞蛋般大小的榴槤、1 個中等大小的蘋果或橙、10 粒提子或車厘子、半杯切好的西瓜或木瓜。

迷思 11

牛油果、椰子、果仁的卡路里很高，不要吃！

與其他水果和蔬菜相比，這些食物的脂肪和熱量無疑相對較高。100 克牛油果已能提供大約 160 千卡、15 克總脂肪（相當於 1 湯匙油）和 8 克醣分，牛油果也含豐富膳食纖維、維他命 E、鉀和單元不飽和脂肪，對我們的心臟健康和皮膚很有益。牛油果的膳食纖維和良好的脂肪含量有助減肥期間飽腹感。2021 年發表的一項新研究指出，每天吃 1 個小牛油果有助身體減少腹部皮下脂肪。

與牛油果相似，雖然果仁的脂肪和熱量含量高，但可為身體提供重要的營養素。一把約 30 克的果仁提供約 170 大卡、15 克總脂肪和 5 克蛋白質。果仁還含有豐富的鈣、鐵、鎂、硒和維他命 E。在過往的觀察性研究發現，經常吃果仁與體重增加無關，甚至可能有助減肥。進食適量果仁能增加飽腹感，有助控制其他食物的進食量。建議每天吃一把果仁（約 30 克）為健康小食，作為健康飲食一部分。

與牛油果和果仁相比，椰子的飽和脂肪含量很高，儘管其醣分含量低、水溶性纖維和維他命 E 含量也高，但過量進食也不利心臟健康。

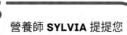

營養師 SYLVIA 提提您

100 克牛油果已經能提供大約 160 千卡、15 克總脂肪（相當於 1 湯匙油）和 8 克醣分。牛油果也含豐富膳食纖維、維他命 E、鉀和單元不飽和脂肪，對我們的心臟健康和皮膚很有益。

花生醬很肥？

花生醬是很多人最喜歡的麵包抹醬之一，但減肥人士或會擔心花生醬的熱量及脂肪含量。1 湯匙花生醬提供約 100 千卡和 9 克脂肪，同時也提供 3 克蛋白質、3 克醣分和 2 克膳食纖維。有研究指出進食花生醬有助減肥期間增加飽腹感，並穩定血糖水平；也有研究指日常多進食花生與增加靜息能量消耗（Resting energy expenditure）有關，換言之身體需要更多熱量來消化花生或其製品，有助消耗更多熱量。

選擇花生醬時，最好選擇不添加糖分和添加劑的產品。除了花生醬，還可以選擇不加糖的杏仁醬、腰果醬和開心果醬作為替代品。雖然果仁醬是一種健康的減肥食品，但食用時應謹慎控制進食量。

迷思 13

吃飯前先進食水果有助減肥？

飯前先吃水果有助減肥的原因，是由於水果含有豐富纖維量和水分，能增加飯前的飽腹感，正餐的進食量可以得到更好的控制。不僅吃水果可以產生這種效果，飯前先吃一碟蔬菜或喝一碗蔬菜湯，也可幫助控制食物分量。除了餐前吃水果，在一項研究中發現餐前喝水較不喝水的組別，前者的減重比率與後者相比多達 44%。建議可嘗試在正餐前吃一份水果和蔬菜，或喝 1-2 杯水或清湯，更容易控制減肥期間的食慾。

迷思 14

番薯、白飯最好冷藏一晚才吃？

網上有傳聞聲稱抗性澱粉有助減肥，將紫薯蒸熟後放進雪櫃冷凍，以增加其抗性澱粉量，聲稱有助控制體重。抗性澱粉是醣分一種，與其他可被消化的醣分不同，抗性澱粉不會被小腸消化，因而令血糖升幅減少，可增飽肚感，甚至幫助降血脂和減少患大腸癌的風險。抗性澱粉在大腸發酵，作為益生元以維持大腸益生菌數量。2004 年初步研究提議抗性澱粉可助增加熱量消耗、降低胰島素分泌及影響胃部荷爾蒙調節，從而有助減肥。

日常含有抗性澱粉的食物包括乾豆、扁豆、青豆、全穀類（如燕麥、大麥）及大蕉等。2015年一項隨機對照試驗顯示，將煮熟的米飯放在 4℃ 以下冷卻 24 小時，能增加米飯抗性澱粉質水平。把抗性澱粉含量較高的米飯給予 15 位參與者進食，發現進食冷飯使血糖控制較穩定。這種變化同樣發生在薯仔和意粉身上，將煮熟薯仔冷藏能夠把其抗性澱粉增加三倍。

即使進食冷飯和冷藏一夜的番薯可增加抗性澱粉攝取量，目前的研究尚未了解清楚抗性澱粉如何有助控制體重。減肥並非單靠只吃一種食物，還需減少進食高熱量食物、控制食物分量和配合恆常運動，但無疑多選含較多抗性澱粉的食物也無妨。

迷思 15

只可進食菜葉，不要吃莖部，因為糖分較高？椰菜花飯最適合減肥？

其中一個減肥傳言聲稱，減肥人士應該只吃蔬菜的菜葉部分，不要吃莖部，因後者含有較高糖分。經查證後，100 克西蘭花莖含約 5 克醣分；100 克西蘭花的小花部分含有約 4 克醣分，所以這絕對是一個不實的飲食傳言。建議減肥期間進食各種不同蔬菜及部位，以吸收不同的維他命和礦物質。

現時很流行以椰菜花飯代替白米飯，以減少減肥期間醣分的攝取量。100 克椰菜花只提供 24 千卡、5 克醣分、2 克蛋白質，且不含脂肪；100 克白飯則提供 130 千卡熱量，約 30 克醣分，蛋白質和脂肪含量與椰菜花相近，因此用椰菜花飯代替白飯有助於減輕體重，同時提供更多膳食纖維和維他命 C。椰菜花的纖維有助滋養腸道中的健康細菌，促進消化系統健康。椰菜花等十字花科蔬菜含豐富硫代葡萄糖甙（Glucosinolates）和異硫氰酸酯（Isothiocyanate）等抗氧化劑，可對抗炎症，甚至可減緩癌細胞生長。

葉部
綠葉蔬菜

莖部
洋葱、大葱

根部
淮山、番薯

種子
各式種子

低醣飲食生活提案 2 ——全方位減脂營養天書

Bulletproof Coffee?

迷思 16

甚麼是防彈咖啡（Bulletproof Coffee）？

防彈咖啡是一種加入椰子油、牛油（最好是草飼牛油）和 / 或中鏈甘油三酯（MCT）脂肪酸的咖啡飲品，於極低碳水化合物飲食群組非常受歡迎。據稱在早上飲用防彈咖啡，有助減少飢餓感，提升新陳代謝率，甚至能提高生酮飲食人士的專注力；但迄今為止，還沒有科學證據支持這些結論。

防彈咖啡有助減肥可能是因減肥人士通常利用它作為代餐，同時由於脂肪消化慢，喝後會延長飽腹感，因而減少進食其他食物，間接降低了日常熱量攝取。飲用防彈咖啡的人士要留意其飽和脂肪含量高（1 湯匙牛油含有 8 克飽和脂肪），長時間飲用可能會提高體內壞膽固醇水平，增加血管栓塞機會。此外，防彈咖啡缺乏一份健康早餐可以提供的良好營養素，包括蛋白質、膳食纖維、維他命 C 和鈣質，不建議長期飲用。

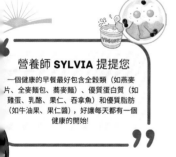

營養師 SYLVIA 提提您

一個健康的早餐最好包含全穀類（如燕麥片、全麥麵包、蕎麥麵）、優質蛋白質（如雞蛋、乳酪、果仁、吞拿魚）和優質脂肪（如牛油果、果仁醬），好讓每天都有一個健康的開始！

迷思 17

不吃早餐，空腹有助減肥？

多年來，我們一直聽説「早餐是一天中最重要的一餐」，相信進食早餐可促進新陳代謝，並有助減少日常暴飲暴食的情況。

可是，最近研究發現，吃早餐的人每日的熱量攝取量竟比不吃早餐的人高。另一項薈萃分析研究表明，與不吃早餐的參與者相比，吃早餐的參與者在 7 星期內體重增多了 1.2 磅。2018 年

發表在英國醫學雜誌上的一項研究表明，減肥期間加入早餐可能不是減肥的好策略，相反不吃早餐還有助減輕體重，但效果並不顯著，科學家需要更多的研究才能找出早餐對減肥的影響。

雖然現時還沒有結論，早餐仍是一頓為身體提供重要營養素的一餐。一頓健康的早餐最好包含全穀類（如燕麥片、全麥麵包、蕎麥麵）、優質蛋白質（如雞蛋、乳酪、果仁、吞拿魚）和優質脂肪（如牛油果、果仁醬、不含反式脂肪的植物牛油），讓每天有一個健康的好開始。

迷思 18

空腹跑步或做運動，減磅會快些？

有傳聞指空腹運動令減肥速度加快，原因是當身體的糖原（Glycogen）水平處於低水平時，身體會燃燒更多脂肪以獲得身體所需熱量。一項由英國 University of Bath 進行的研究指出，當一組肥胖男士空肚步行 60 分鐘，相比吃了含豐富碳水化合物早餐的肥胖男士，身體燃燒的脂肪比碳水化合物多。另外，2013 年刊登於《British Journal of Nutrition》的研究指出，有運動習慣的男士在空腹期間跑步使身體燃燒脂肪多 20%。但另一項於 2014 年刊登於《Journal of the International Society of Sports Nutrition》的研究發現，將兩組以相同低熱量餐單進行減肥的人士作比較，結論出無論空腹做運動或進食後運動，他們的減重變化都沒有太大分別。

FOOODIII

還有研究指出，空腹做運動只適合進行耐力運動人士，例如長途單車或長跑賽。若需要短時間的爆發力，如舉重或進行阻力運動，身體的糖原才能提供即時的熱量，所以空腹做運動未必每個人都適合。而且空腹做運動也有機會令身體肌肉量減少，當身體不能利用糖分作為熱量時，身體會轉由脂肪提供熱量，亦會燃燒更多肌肉，因此對想增加肌肉量的運動人士並不理想。部分人空腹做運動時感到較吃力、頭暈，甚至乎血糖過低，因而令運動表現減少，從而令減肥效果下降。若想嘗試空腹做運動，建議確保運動時間不超過 90 分鐘。

雖然空腹做運動在身體細胞層面上來說，有機會多利用脂肪作為熱量，但無論這些熱量從那裏來，要減掉 1 磅脂肪，都要累積減去 3,500 千卡才達到目的。其實，要成功地減肥，只要從食物減少熱量攝取，同時恆常運動消耗身體儲存的多餘熱量，就可以成功地減去體重，與空腹做運動或吃飽做運動沒有太大關係。

迷思 19
運動後 2 小時不要進食，因會特別吸收？

很多人認為運動後立刻進食會容易致肥，聽聞熱量會吸收得更多。以我來看，怎會等 2 小時後肚餓至手軟腳軟才吃東西！跟太晚吃飯致肥的傳聞一樣，運動後進食致肥還未有被科學研究證實；但在營養學角度看，只要每天攝取的熱量總量不超過身體所需，就可令體重減輕。食物的熱量也不會因為在不同時間進食而有所不同，例如蘋果有大約 100 千卡，運動後立刻進食蘋果並不會令這蘋果變成 200 千卡。

運動後立即進食會致肥的原因，是因為很多人心理上以為做運動後可以獎勵一下自己，又或認為已經消耗很多熱量，所以吃得較為輕鬆。很多時候他們會選擇一些較高熱量的食物如即食麵、碟頭飯、漢堡包、薯條和高糖飲品等，以為運動可抵償這些熱量，但這些食物的熱量比運動時消耗的要多，就出現「愈做運動就愈肥」。

迷思 20

為甚麼有些人減肥期間會脫髮或停經？

有些人在減肥期間會經歷脫髮和停經，這些副作用的原因很可能是由於減肥期間過分限制飲食、熱量攝入過低（每天攝取少於 1,200 千卡）、全穀類和優質蛋白質攝取不足、脂肪攝取過少、食物種類選擇過分單調導致微量營養素缺乏（尤其是鐵、鈣、鋅、鎂、硒等）和減重過快（每週減重超過 3 磅，約 1.5 公斤），其他原因還包括壓力和睡眠不足。

如你遇到這些副作用，緊記每餐進食足夠的蛋白質（每餐最少含 120 克肉／魚／海鮮，或 300 克豆腐）、進食適量的全穀類（如每餐最少吃半碗紅米飯或糙米飯），以及加入優質脂肪（如橄欖油、牛油果、果仁、種子）。食物種類要多元化，同時熱量攝取量不要太低。減磅速度不宜過快，以每星期減 1-2 磅（0.5-1 公斤）為佳。

營養師 **SYLVIA** 提提您

有些人在減肥期間會經歷脫髮和停經，這些副作用的原因很可能是由於減肥期間過分限制飲食、熱量攝入過低（每天攝取少於1,200千卡）、全穀類和優質蛋白質攝取不足、脂肪攝取過少。

如想進行間竭性斷食，甚麼時候最適合？

斷食是指在某一段時間內完全禁止進食或禁止進食大部分食物或飲料，近年流行的斷食方法稱為「間竭性斷食（Intermittent fasting）」。間歇性斷食可分為完全隔日斷食、改良斷食（如 5：2 小時飲食法）或限時斷食（如 16：8 小時飲食法）。

在開始間歇性斷食前，必須決定自己的斷食形式，如你選擇遵循 16：8 小時飲食法，那必須決定可進食的時間範圍，例如可選擇不吃早餐，從中午 12 時至晚上 8 時進食；又或可選擇上午 10 時至下午 6 時進食，不吃晚餐。許多人會由 16：8 小時飲食法進化成 20：4 小時的斷食，但建議循序漸進，不要進度過急。別忘記在 4-8 小時的進食時間範圍內，仍然必須保持健康的飲食和運動的習慣，才會有健康的減肥成果。

如你選擇採用完全隔日斷食方法，必須在斷食期間喝足夠的水分。除了清水外，很多人會選擇喝不加糖的豆漿、稀釋果汁、草本茶、運動飲料和過濾蔬菜汁或蔬菜湯作為一整天的飲料；但不建議超過 24 小時的完全隔日斷食。

斷食期間容易出現頭痛、肚餓、疲倦、頭暈、便秘、失眠、煩躁、胃灼熱、腹脹，甚至血糖過低，若這些副作用較嚴重，建議立即停止斷食減肥。專家指間歇性斷食可能只適合於能夠

容忍在某段時間內不進食或進食很少分量的人士使用。某些群組如長者、孕婦、兒童、過輕和患有長期病患人士（如糖尿病、癌症、腸胃病、情緒病及飲食失調等），不適合進行斷食。建議若真的想以間竭性斷食方法來減肥，最好諮詢註冊營養師作密切監察，讓身體攝取足夠營養和減低出現的副作用。

迷思 22

吃多了雞蛋、海鮮、肉類會否令膽固醇上升？

好多人當知道蛋白質的攝取量與減重有關後，會單純覺得吃多一點雞蛋、海鮮及肉類便可。雞蛋、海鮮、肉類無疑是蛋白質豐富的食物，但豆類、奶製品、奇亞籽、藜麥等都是上佳的選擇，在餐單上設計多元化的食物，不用每天也只吃雞蛋做早餐那麼枯燥。

近年有研究指出，膳食中的膽固醇並不會直接影響血液中的壞膽固醇。美國心臟協會更於 2015 年取消每日可攝取的膳食膽固醇上限。儘管如此，也要小心留意食材的配搭，再有益的食物都不能放縱地吃，要注意食物中的飽和脂肪及反式脂肪分量，這些都會增加壞膽固醇之風險。

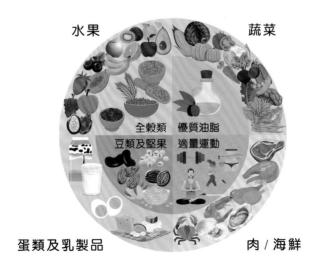

水果　　　　　　　蔬菜

全穀類　優質油脂
豆類及堅果　適量運動

蛋類及乳製品　　　　　肉 / 海鮮

迷思 23

梳打餅是減重的好幫手？

很多人以為梳打餅味道偏淡，沒有甜味、沒有餡料，一包分量細小，是減肥期間的小食、代餐，甚至生病伴藥的好選擇。

原來，梳打餅多用棕櫚油製造，棕櫚油的飽和脂肪高，長期食用可栓塞血管，令膽固醇升高，影響心臟健康。

以每碗飯 220 千卡計算，進食部分品牌的兩包梳打餅已相等 1 碗飯，高鈉、高脂程度跟垃圾食物沒有分別，建議減重者切忌以梳化餅代替正餐及小吃。

迷思 24

多囊卵巢綜合症患者是否適合低醣飲食？

多囊卵巢綜合症多發生於生育期的婦女，為常見的育齡婦女內分泌疾病，主要是由代謝功能和女性生殖內分泌異常而導致高雄激素血症。多囊卵巢症患者多數有肥胖問題，故也適合以低醣飲食，並配合運動改善代謝及肥胖問題。

若能成功減磅，經期通常都有所改善，排卵會回復頻密，患者的不育問題亦有望解決。

迷思 25

Morning Drink 會否很寒涼？

很多朋友都會問，早上以蔬菜準備 Morning
Drink，感覺很生冷、很寒涼，不適合早上飲
用。當然每人體質不一樣，如有此憂慮的話，可
先灼熟蔬菜再加入薑汁攪拌，灼過的蔬菜製成
Morning Drink 後，溫度像喝室溫水的感覺。此
外，Morning Drink 可作為一個方便之選，只需根
據個人用餐習慣或期望選擇就可以，並非必須放
進餐單內。

團長寄語

**真正投份享受過程，
才會找到堅持的動力！**

CHAPTER

4

Recipes

減醣
健康食譜

要做到「開心食輕鬆減飽住瘦」，吃得豐富、吃得滿足當然至為重要！上一本書我為大家設計了豐盛飽肚的早、午、晚餐及快餐，今次為你們帶來了最適合下廚新手或是減磅新手都極之容易跟隨的簡易菜式，當然有組員們最期待的「我不是系列」，希望大家看過做法，真的煮得順心，會嘗試在家試煮，兩本書合起來的食譜保證你下廚時不再煩惱，保證你一定可以食得開心，飽住落磅，吃出健康！

以下食譜的調味料可隨個人口味調教，本着少油、少糖、少鹽的準則，可加可減。

根據營養師建議，每人每餐不多於 2 茶匙油；鹽分攝取量每人每餐約 1/3 茶匙；糖分攝取每人每日不超過 25-50 克添加糖。

此外，我建議大家使用的調味料都是一般家庭常用的，選較天然的就好，不一定要挑選昂貴的。至於如何選擇油、調味料，用全脂還是低脂奶、脫脂奶或乳酪，可參閱 p.124。

單一減肥餐單並不適用於所有人，所以這裡沒有餐單。參考建議食物表，找出自己愛吃的，建立個人化餐單，保證你可以享受一個愉快的減磅旅程。

團長寄語

雲朵蛋

熱量 卡路里	醣質 克	蛋白質 克	總脂肪 克	飽和脂肪 克	反式脂肪 克
82	1	8	5	2	0

糖 克	鈉 毫克	膳食纖維 克	鐵質 毫克	鈣質 毫克	
0	332	0	1	28	（每人份）

材料 （1人份）

蛋黃 1 個、蛋白 1 個

調味料

鹽少量、黑椒碎適量

做法

1. 蛋白放入攪拌盆內，蛋黃放於小碗備用。
2. 用打蛋器以中高速把蛋白打成濕性泡沫狀，打至綿密小氣泡，見蛋白出現紋路，灑入鹽及黑椒碎，以攪拌機手動輕柔拌勻。
3. 用湯匙把已打發的蛋白分成兩份，自行調整成喜歡的雲朵形狀，鋪在已放烘焙紙的烤盤上。
4. 在蛋白雲朵中間用湯匙輕力壓成凹位，倒入蛋黃。
5. 放入以 180℃ 預熱焗爐焗 7 分鐘，可愛的雲朵蛋完成了！

✢ SKYE ✢ • COOKING • TIPS

- 蛋白不要過度打發。
- 每部焗爐的火力有所不同，看到雲朵有微微的焦黃色就可取出了。
- 雲朵蛋於取出時會有點消氣下塌狀，故鋪蛋白焗製時不要壓得太扁，這樣才可呈現脹卜卜的可愛樣子。

✢ SYLVIA ✢ • NUTRITION • TIPS

減肥期間進食足夠的蛋白質，有助增加飽腹感，同時保持肌肉量。吃蛋白質後身體會用更多熱量來消化，可加快減肥速度。

減醣健康食譜／雞蛋料理

蛋奶素

迷你菠菜芝士蛋批

熱量 卡路里	醣質 克	蛋白質 克	總脂肪 克	飽和脂肪 克	反式脂肪 克
251	16	21	12	5	0

糖 克	鈉 毫克	膳食纖維 克	鐵質 毫克	鈣質 毫克	
2	532	2	2	272	（每人份）

材料 （2人份）

嫩菠菜 30 克（Baby spinach，常見於超市沙律菜架）、
雞蛋 3 隻、低脂混合芝士 30 克（Mixed cheese，
分量隨個人喜好加減）、低脂水牛芝士 40 克（Mozzarella
cheese，分量隨個人喜好加減）、薯仔 1 個（手掌大小）、
車厘茄數粒、新鮮番茜碎（隨意）

調味料

鹽少量、黑椒碎適量

做法

1. 焗爐預熱至 180℃；鬆餅模內輕輕地抹上油，
   備用。
2. 雞蛋拂打；嫩菠菜、薯仔切成細絲；車厘茄
   切半。
3. 將薯絲鋪在鬆餅模最底層，加上芝士、嫩菠
   菜絲及車厘茄，將材料平均分佈於模內，灑
   入適量鹽、黑椒碎調味，倒入蛋液至九分滿。
4. 放入焗爐焗 15-20 分鐘即成，可按個人喜好
   灑上新鮮番茜或其他香草添加風味。

SYLVIA
• NUTRITION •
TIPS

食譜加入了芝士，有助增加鈣質含量，保持骨
骼健康。芝士本身帶有鹹味，只要加非常少量
的調味足以令菜式非常美味。

蛋奶素

日式紫菜芝士卷蛋

熱量 卡路里	醣質 克	蛋白質 克	總脂肪 克	飽和脂肪 克	反式脂肪 克
242	4	19	16	7	0

糖 克	鈉 毫克	膳食纖維 克	鐵質 毫克	鈣質 毫克	
2	524	1	2	276	（每人份）

材料（2人份）

大片紫菜 2 塊
雞蛋 4 隻
鮮奶 40 毫升
片裝芝士 2 片

調味料

鹽少許

做法

1. 雞蛋拂打，加入鮮奶及鹽拌勻。
2. 預熱平底鑊後抹油，倒入蛋汁，煎約八成熟時捲起蛋皮，於平底鑊下方再倒入蛋汁，輕輕托起蛋皮，讓蛋汁滲至蛋卷下方，加入紫菜和半份芝士。重複以上步驟，直至蛋汁用完。
3. 用錫紙將蛋卷包成長方形，待稍微冷卻後切件即成。
4. 或用刮刀於平底鑊將蛋皮輕壓整形，調整邊、角至理想形狀。

SYLVIA
NUTRITION
TIPS

紫菜含豐富碘質，對小朋友腦部及甲狀腺發展非常重要。紫菜和芝士帶有鹹味，毋須額外加添太多鹽分，已令蛋卷非常美味。這道菜式除了做成早餐，作為午、晚餐的配菜也非常適合。

蛋奶素

牛油果焗蛋

熱量 卡路里	醣質 克	蛋白質 克	總脂肪 克	飽和脂肪 克	反式脂肪 克
194	7	8	16	3	0

糖 克	鈉 毫克	膳食纖維 克	鐵質 毫克	鈣質 毫克	
1	465	5	1	42	（每人份）

材料（1人份）

牛油果半個
雞蛋 1 隻
各式香草

調味料

鹽少量
黑椒碎適量

做法

1. 牛油果切半、去核，在中間挖走少許果肉（挖走的分量可放下一隻蛋黃）。
2. 蛋白拂打，將蛋黃及蛋白倒入已挖果肉的牛油果內，灑上鹽及黑椒碎調味。
3. 放入預熱焗爐，以 180℃ 焗約 10 分鐘，最後灑上香草即成。

SYLVIA
• NUTRITION •
TIPS

牛油果含醣量非常低，且含豐富單元不飽和脂肪酸，日常可作為早餐配料或下午茶小食。除了灑入鹽調味，進食時可加少許豉油，有另一番風味！

麻藥蛋

熱量 卡路里	醣質 克	蛋白質 克	總脂肪 克	飽和脂肪 克	反式脂肪 克
106	7	7	5	2	0

糖 克	鈉 毫克	膳食纖維 克	鐵質 毫克	鈣質 毫克	
2	151	1	1	49	（每人份）

材料 （5-6 隻分量）

雞蛋 5-6 隻

細紅洋葱 1 個

蒜頭 6-8 瓣

指天椒 3 隻 （* 不嗜辣者可省略）

紅葱頭 2 粒

薑 3 片

葱 2 棵

麻藥汁

鰹魚汁 2 湯匙 （30 毫升）

日式醬油 1 湯匙 （15 毫升）

老抽半湯匙

原糖 1 湯匙

味醂 2 湯匙 （30 毫升）

暖水約 100-150 毫升

麻油或花椒油 1 茶匙

白芝麻 2 湯匙

做法

1. 雞蛋提早從雪櫃取出，放至室溫狀態，令雞蛋不易破裂。
2. 在雞蛋殼的氣孔上用針刺孔（刺孔後更方便剝出完美的雞蛋，或可省略）。
3. 鍋內加水煲滾後，轉中小火，加入雞蛋煮 6 分鐘（時間可隨喜好的流心程度而加減，煮 6 分鐘的雞蛋呈半蛋黃流心狀，可加減約 15 秒至理想熟度）。
4. 將煮好的雞蛋立即沖水 2 分鐘，再放入冰水浸 10-20 分鐘，剝殼備用。
5. 薑、蒜頭、葱、指天椒、紅洋葱、紅葱頭切碎成配料（若怕未煮熟的材料太辣，可以少量油爆香再放進麻藥汁內）。
6. 將麻藥汁材料及其他配料拌勻，放入有蓋食物盒內，加入已煮好的雞蛋，放入雪櫃冷藏一晚即可食用。

SKYE
· COOKING ·
TIPS

- 先爆香洋葱、葱、蒜頭、指天椒、紅葱頭、薑等香料，更添港式風味，小孩及長者也可安心食用。
- 如不嗜辣或家有小孩者，可省掉辣椒。

SYLVIA
· NUTRITION ·
TIPS

利用洋葱、蒜頭、指天椒、紅葱頭、薑、葱等，配合味醂及少量醬油製成的麻藥蛋，不但沒有增加食物熱量，反而可增添雞蛋的味道，一舉兩得。味道可自行調校，若感到鹹味或辣味不足，可多加醬油或辛辣的調味料。

直播重溫

豆腐芝士福袋

材料 (2人份)

即食豆腐 1 磚
芝士 1 片
急凍蝦仁 5 隻
油揚 2 塊
薑蓉 1 湯匙
蒜頭 2-3 瓣 (剁蓉)
葱少許

熱量 卡路里	醣質 克	蛋白質 克	總脂肪 克	飽和脂肪 克	反式脂肪 克
193	10	16	11	2	0

糖 克	鈉 毫克	膳食纖維 克	鐵質 毫克	鈣質 毫克	
3	287	1	3	208	(每人份)

調味料

鹽少量

做法

1. 蝦仁解凍,用刀壓成蝦膠備用。
2. 油揚切半,每塊油揚可做成 2 個福袋。
3. 即食豆腐倒入碗內,用匙羹把豆腐略壓爛,加入蝦膠,用鹽略調味,加入芝士、薑蓉和蒜蓉。
4. 將材料釀入福袋後,用葱紮好袋口,用油輕炸至熟即成。

SKYE
· COOKING ·
TIPS

• 先用麵包棍把油揚壓平，能增加福袋可使用的容積，較容易包起來。

• 日式超市有支裝蒜蓉，非常方便。

• 用蔥將袋口結成蝴蝶結，先把蔥用熱水浸軟可容易打結。

• 如講究外觀，可選用蒸煮方法；如使用氣炸鍋，會令蔥容易焦燶，以牙籤較適合。

• 氣炸鍋可調校至 180℃，約 7 分鐘至微黃金色即可。

SYLVIA
· NUTRITION ·
TIPS

很多人擔心油揚屬於炸物，會否太高脂肪，由於這個食譜沒有額外加入油分，所以不用太擔心。減肥期間毋須完全戒掉油分，適量油分令食物更加美味，而且增加飽足感。

熱量 卡路里	醣質 克	蛋白質 克	總脂肪 克	飽和脂肪 克	反式脂肪 克
198	7	17	11	2	0

糖 克	鈉 毫克	膳食纖維 克	鐵質 毫克	鈣質 毫克	
3	307	2	3	225	（每人份）

材料 （2人份）

壽司紫菜半塊
硬豆腐 1 磚
木魚片適量
紫菜碎適量
油 2 茶匙

調味料

日本醬油 1 茶匙
味醂 1 湯匙

做法

1. 豆腐用廚房紙輕輕印乾，切成長方形。
2. 紫菜修剪成比豆腐面積細小的長條形。
3. 熱油後，放入豆腐煎至兩面呈金黃色，紫菜包着煎好的豆腐。
4. 鑊內加入日本醬油及味醂煮至濃稠，倒在紫菜豆腐上，加入木魚片及紫魚碎即成。

SYLVIA
• NUTRITION •
TIPS

硬豆腐比一般豆腐含鈣量較高，不喝牛奶的人可多選硬豆腐來增加鈣質攝取。日常也可多喝高鈣豆漿來保持骨骼健康。

豆腐味噌湯

熱量 卡路里	醣質 克	蛋白質 克	總脂肪 克	飽和脂肪 克	反式脂肪 克
232	16	15	11	1	0

糖 克	鈉 毫克	膳食纖維 克	鐵質 毫克	鈣質 毫克	
8	722	3	3	123	(每人份)

材料 （2 人份）

味噌 2 湯匙（可根據水量調整味道）
絹豆腐 1 磚
舞茸菇 85 克
大葱 1 棵
櫻花蝦 9 克
洋葱 1/4 個
海帶芽適量
薑 2-3 片
橄欖油 2 茶匙
水約 500 毫升

做法

1. 絹豆腐切成細小塊；大葱分成葱白、青葱部分，切段。
2. 燒熱橄欖油，加入薑片、葱白、洋葱、櫻花蝦及舞茸菇炒香。
3. 鍋內水燒滾後，加進櫻花蝦等已煎香的材料，煮滾後，加入味噌、豆腐及青葱，最後加入海帶芽即成。

✻ SYLVIA ✻
• NUTRITION •
T I P S

味噌含有豐富益生菌，對腸道健康特別有益。除了豆腐外，味噌湯內可加入其他海鮮如蝦、帶子、魚柳等，令食材選擇更多元化。

蛋奶素

豆腐車厘茄沙律併日本大葉豬肉片

熱量 卡路里	醣質 克	蛋白質 克	總脂肪 克	飽和脂肪 克	反式脂肪 克
215	9	14	14	3	0

糖 克	鈉 毫克	膳食纖維 克	鐵質 毫克	鈣質 毫克	
5	162	1	2	209	（每人份）

材料 （2 人份）

即食豆腐 1 磚
水牛芝士（Mozzarella cheese，球狀）40 克
車厘茄 10 粒
沙律菜 1 杯
橄欖油 2 茶匙
柚子醋或意大利黑醋 1 湯匙
鹽少量

做法

1. 車厘茄洗淨，切半；即食豆腐切小塊。
2. 將水牛芝士撕成入口的大小。
3. 豆腐、芝士、橄欖油和柚子醋拌勻，灑入鹽調味。
4. 沙律菜放進碗底，拌入芝士、豆腐及車厘茄即成。

SYLVIA
• NUTRITION •
TIPS

水牛芝士比一般硬芝士的脂肪較低，配合豆腐一同進食，能增加蛋白質攝取量。水牛芝士的鹽分比一般硬芝士低，屬健康之選。

減醣健康食譜／豆腐料理

熱量 卡路里	醣質 克	蛋白質 克	總脂肪 克	飽和脂肪 克	反式脂肪 克
190	3	16	12	4	0

糖 克	鈉 毫克	膳食纖維 克	鐵質 毫克	鈣質 毫克	
1	811	1	2	36	（每人份）

材料（1人份）

日本大葉 3-4 片
豬梅肉片約 4 片
日式芥辣少許
壽司豉油少許
白芝麻隨意

做法

1. 日本大葉洗淨、用廚房紙印乾、切絲。
2. 豬梅肉片灼熟，切絲。
3. 豬肉片加入日式芥辣及壽司豉油攪拌調味，拌入日本大葉，按個人喜好加入白芝麻以增加風味。

SYLVIA
· NUTRITION ·
TIPS

日本大葉，又稱為紫蘇葉，含高量的 α-亞麻酸，有預防血脂、膽固醇、腦血管等多種疾病，也可增強身體的免疫能力。

早餐麵包籃

熱量 卡路里	醣質 克	蛋白質 克	總脂肪 克	飽和脂肪 克	反式脂肪 克
128	24	5	1	0	0

糖 克	鈉 毫克	膳食纖維 克	鐵質 毫克	鈣質 毫克	
2	273	2	2	29	（每片麵包， 50克）

材料（2-4人份）

酸種麵包 2 片、黑麥麵包 1 片、五穀麵包 1 片

減醣期間可以吃麵包？
聽聽營養師怎說？

SKYE
· COOKING ·
TIPS

較高碳水化合物的食物建議盡量於早上進食。

SYLVIA
· NUTRITION ·
TIPS

高纖維的麵包，例如黑麥麵包和五穀包屬於優質澱粉質，升糖指數較低，減肥期間可配合其他蛋白質一同進食。酸種麵包能增加腸道的短鏈脂肪酸，有益腸道微生態。每次進食分量不多於 1-2 片。

減醣健康食譜／優質澱粉料理

蛋奶素

全日早餐 All Day Breakfast

熱量 卡路里	醣質 克	蛋白質 克	總脂肪 克	飽和脂肪 克	反式脂肪 克
613	45	17	43	6	0

糖 克	鈉 毫克	膳食纖維 克	鐵質 毫克	鈣質 毫克	
11	908	10	5	121	（每人份）

材料 （1人份）

酸種包 1 片、紅菜頭醬 2 湯匙（做法參考 p.240）、
雞蛋 2 隻、牛油果半個（75 克）、沙律菜適量、
車厘茄 6 粒、雜果仁 15 克、無花果半個（30 克）、
脫脂奶 20 毫升、鹽 1/4 茶匙、油適量

做法

1. 牛油果去核、切花；車厘茄洗淨；無花果切
   好備用。
2. 雞蛋拂勻，加入脫脂奶 20 毫升及鹽打勻。
3. 燒熱油，調至小火，下蛋液向內慢慢推成滑
   蛋，盛起備用。
4. 將所有材料上碟，美化造型即可。

❧ SKYE ❧
• COOKING •
TIPS

酸種包配以紅菜頭醬，一試愛上！

❧ SYLVIA ❧
• NUTRITION •
TIPS

All Day Breakfast 可以當作 Brunch，晚餐時
才再吃。雖然總脂肪含量較高，但全部都是不
飽和脂肪，有助促進心臟及腦部健康。減肥期
間進食適量脂肪，能增加飽足感，減少進食其
他零食的機會。

隔夜燕麥（3款口味）

製作隔夜燕麥時，可隨個人口味選用鮮奶或乳酪浸泡燕麥。

做法

1. 鮮奶或無添加糖乳酪盛於碗內，放入原片大燕麥浸一夜，密封妥當，冷藏。
2. 翌日早上，加入其他材料如水果、乾果、果仁、種子、營養粉等，做法非常方便。

SKYE
· COOKING ·
TIPS

- 每款的製法大致相同，可自由配搭不同顏色的水果、果仁及種子類等。
- 可選無添加糖的朱古力粉、綠茶粉、芝麻粉等。
- 如用鮮奶浸泡一夜，早上進食時可再加添無糖乳酪。
- 注意乾果的糖分，不要放太多。

蛋奶素

雜果燕麥杯

材料（1人份）

原片大燕麥半杯
低脂希臘乳酪 3 湯匙
低脂奶 100 毫升
奇異果半個
藍莓 3 粒
紅桑子 2 粒
士多啤梨 1 顆
黃金蕎麥脆粒適量

熱量 卡路里	醣質 克	蛋白質 克	總脂肪 克
175	35	7	2

飽和脂肪 克	反式脂肪 克	糖 克	鈉 毫克
0	0	14	166

膳食纖維 克	鐵質 毫克	鈣質 毫克	
4	6	267	（每人份）

SKYE
COOKING
TIPS

可選全脂、脫脂、豆奶加鈣植物奶類等。

SYLVIA
NUTRITION
TIPS

除了乳酪外，加入牛奶可增加燕麥杯的鈣質含量。若不喜歡牛奶的話，可選擇加鈣豆奶、杏仁奶、燕麥奶或其他果仁奶代替。

減醣健康食譜／優質澱粉料理

蛋奶素

朱古力乳酪燕麥杯

熱量 卡路里	醣質 克	蛋白質 克
141	22	7

總脂肪 克	飽和脂肪 克	反式脂肪 克
4	1	0

糖 克	鈉 毫克	膳食纖維 克
11	139	2

鐵質 毫克	鈣質 毫克	
7	68	（每人份）

SYLVIA · NUTRITION · TIPS

材料（1人份）

原片大燕麥半杯
低脂希臘乳酪 4-6 湯匙
士多啤梨 1 顆
杏仁 3 粒
朱古力粉適量

希臘乳酪比一般乳酪的蛋白質較高，進食後更有飽肚感。朱古力粉不含卡路里，喜歡的話可以多加一點。

蛋奶素

紅肉火龍果乳酪燕麥杯

熱量 卡路里	醣質 克	蛋白質 克
173	30	6

總脂肪 克	飽和脂肪 克	反式脂肪 克
4	1	0

糖 克	鈉 毫克	膳食纖維 克
11	126	4

鐵質 毫克	鈣質 毫克	
6	49	（每人份）

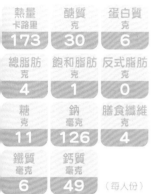

材料 （1人份）

原片大燕麥半杯
低脂希臘乳酪 4-6 湯匙
紅肉火龍果 2 湯匙
藍莓 3 粒
全麥 Granola 適量

SYLVIA
• NUTRITION •
TIPS

紅肉火龍果含有較高胡蘿蔔素，有些人吃完紅肉火龍果後小便呈紅色，別太擔心，這是因為紅肉火龍果帶有天然色素，對身體無害。若不喜歡的話，可用普通火龍果代替。

減醣健康食譜／優質澱粉料理

杞子雜穀菇菌炊飯

- 雜穀飯可按個人喜好自由配搭，如小米配紅米、藜麥，不一定要全部選用。
- 如選用紅米、糙米，需預先浸泡 3-4 小時，其他穀類不用預浸。
- 紅米、糙米需放多些水；其他米水比例 1 比 1 即可。菇類會釋出水分，即使用紅米、糙米也毋須放太多水。
- 菇類不用清洗，用廚房紙輕抹即可。如時間充足，預先以蒜蓉炒香菇類，再放入米內烹煮，口味更佳。
- 可用鰹魚豉油、鰹魚粉、味醂、麵豉等做成自己喜愛的汁料，代替 Shiro Dashi，就不用特別購買了。

熱量 卡路里	醣質 克	蛋白質 克
143	28	5

總脂肪 克	飽和脂肪 克	反式脂肪 克
2	0	0

糖 克	鈉 毫克	膳食纖維 克
2	275	3

鐵質 毫克	鈣質 毫克	
3	9	（每半碗）

雜穀飯材料 （可煮成兩中碗飯）

小米 30 克、原片大燕麥 30 克、藜麥 30 克、紅米 30 克、糙米 30 克、鴻禧菇 30 克、雞髀菇 30 克、舞茸菇 30 克

配料

杞子 2 茶匙、急凍小貝柱 5 小粒、Shiro Dashi
（白だし，日式調味汁，於日式超市有售）

做法

1. 小貝柱解凍備用。
2. 米用水浸好，放入飯煲，調校水量，放入已去蒂及切好的菇類、杞子、小貝柱。
3. 加入 Shiro Dashi 調味，啟動電飯煲「煮飯模式」即可。

SYLVIA
• NUTRITION •
TIPS

進行減醣飲食時，建議多選全穀類食物，因為高纖維食物吸收的熱量較少，同時可穩定血糖，避免減肥期間容易感到肚餓。菇類含熱量非常低，多吃無妨。

素食

葱油伴蕎麥麵

熱量 卡路里	醣質 克	蛋白質 克	總脂肪 克	飽和脂肪 克	反式脂肪 克
206	29	8	6	1	0

糖 克	鈉 毫克	膳食纖維 克	鐵質 毫克	鈣質 毫克	
0	196	3	1	23	（每人份）

直播重溫

蕎麥麵 1 紮（80 克）、紫菜條、木魚片、白芝麻
各適量

自製葱油醬

薑粒 1-2 茶匙、紅葱頭 1-2 茶匙、蒜蓉 1-2 茶匙、
葱粒 1-2 茶匙、油 2 茶匙、鹽少量

葱油醬做法

1. 燒熱油，用小火先炸紅葱頭，待散發香味後
   加入蒜蓉，待蒜蓉出味後可放入薑粒，最後
   放入葱粒，不斷攪拌以免葱粒變燶，最後按
   個人口味灑入鹽調味。
2. 放涼後，將材料及醬放入已消毒的玻璃瓶，
   放入雪櫃可存放約一個月。

綜合做法

1. 按蕎麥麵的包裝時間指示，煮熟。
2. 加入葱油醬，最後灑上紫菜、木魚片、白芝
   麻即成。

SKYE
· COOKING ·
TIPS

- 製作葱油醬期間不要調至太大火，否則材料
  容易焦燶，油也會變苦。
- 如不喜歡薑味，可省略。
- 如不喜歡葱、蒜頭等，可隔渣只保留葱油。

SYLVIA
· NUTRITION ·
TIPS

一紮蕎麥麵相等於一碗飯的醣質，控醣的時候，
每餐進食半紮已足夠。蕎麥麵的纖維較高，比
吃白飯健康。吃蕎麥麵時不妨加入多些蛋白質
和蔬菜，成為均衡的一餐。

減醣健康食譜／優質澱粉料理

我不是大阪燒

熱量 卡路里	醣質 克	蛋白質 克	總脂肪 克	飽和脂肪 克	反式脂肪 克
268	16	19	15	4	0

糖 克	鈉 毫克	膳食纖維 克	鐵質 毫克	鈣質 毫克	
8	622	3	3	252	（每人份）

材料（2人份）

硬豆腐 125 克
椰菜 1/4 個
紫椰菜少量（約 1/6 個）
雞蛋 2 隻
甘筍少許
芝士 30 克
瘦肉片 40 克
紫菜少量
木魚片少量
油適量
低卡蛋黃醬（分量隨個人喜好）

調味料

鹽少量
黑椒碎少量

醬汁

蠔油 2 茶匙
茄汁 2 茶匙
糖 1/4 茶匙
老抽半茶匙

做法

1. 用廚房紙包裹豆腐，以重物稍壓一會，以逼出豆腐多餘水分，令成品的效果更乾身（通常約用 2 張廚房紙，毋須壓至全乾）。
2. 甘筍去皮，洗淨，與椰菜及紫椰菜切絲備用。
3. 豆腐用叉子壓爛，加入雞蛋拌勻，灑入少許鹽、黑椒碎或其他個人喜愛的調味料，加人甘筍、椰菜、紫椰菜、肉片及芝士拌勻。
4. 燒熱油，分批放入豆腐糊，以中火煎至脆邊呈焦黃色，轉小火，反轉再煎另一面（可用碟或鍋蓋協助反轉）。
5. 將醬汁的蠔油、茄汁、糖、老抽拌勻，備用。
6. 大阪燒煎至焦黃色，上碟，塗上醬汁，擠入少量低卡蛋黃醬，鋪上紫菜、木魚片即成。

SKYE COOKING TIPS

- 因沒有加入麵粉類，煎餅時必須保持耐性，不要心急反轉，也不能調太大火。
- 醬汁分量不用太多，用少量作裝飾即可。

直播重溫

SYLVIA NUTRITION TIPS

每份大阪燒提供約 20 克蛋白質，醣分只有 16 克，屬低碳水化合物、高蛋白質食物，更提供相等於一杯牛奶的鈣質，又美味又健康。

熱量 卡路里	醣質 克	蛋白質 克	總脂肪 克	飽和脂肪 克	反式脂肪 克
417	48	27	14	5	0

糖 克	鈉 毫克	膳食纖維 克	鐵質 毫克	鈣質 毫克	
5	686	8	6	518	（每份）

薄餅皮材料 （2 個薄餅）

三色扁豆 120 克（粉紅、黃、啡扁豆只選其一亦可）、
水約 60 毫升、紅椒粉 1 茶匙、鹽半茶匙、黃
薑粉 1/4 茶匙、香草約 1 茶匙（如迷迭香）、泡打
粉半湯匙（可省略）

配料

芝士 30 克、蘑菇 20 克、三色甜椒半碗、中蝦
6 隻、紅菜頭醬 2 湯匙（做法參考 p.240）

做法

1. 扁豆洗淨，加入水蓋過面浸 4 小時（若時間
   緊迫，可省略浸泡步驟，薄餅的質地與口感
   較硬身）。
2. 焗爐預熱 180℃。
3. 扁豆、紅椒粉、鹽、黃薑粉、泡打粉、香草
   及水放入攪拌機攪勻（水逐少放入），再攪
   拌至扁豆沒有粗粒狀，餅底呈挺身糊狀。
4. 在烘焙紙輕掃薄油，將餅糊分成兩份倒在烘
   焙紙上，以刮刀將餅糊邊輕壓至圓形餅底，
   焗 20 分鐘。
5. 餅底焗好後取出，塗上紅菜頭醬，鋪上芝士、
   三色椒絲、蘑菇、中蝦，放入焗爐以 180℃
   焗約 15 分鐘，或至芝士烘至喜好色澤即可。

SKYE
• COOKING •
TIPS

- 可選用不同豆類代替扁豆。

- 可在大型超市購買不同顏色的扁豆，自行混合。

- 如使用迷你攪拌機，可預先浸豆 4 小時，攪拌時較容易處理。

- 攪餅糊時，水量宜逐少加入，打至餅糊挺身為佳。

SYLVIA
• NUTRITION •
TIPS

用扁豆代替麵粉做成薄餅餅底，令升糖指數下降，同時增加蛋白質和膳食纖維，減肥期間可增加飽肚感。薄餅的餡料可以自行搭配，雞肉、魷魚、豆腐乾代替蝦肉也是不錯之選擇。

減醣健康食譜／我不是系列

我不是蛋糕（香蕉核桃蛋糕）

直播重溫

熱量 卡路里	醣質 克	蛋白質 克	總脂肪 克	飽和脂肪 克	反式脂肪 克
205	24	6	10	2	0

糖 克	鈉 毫克	膳食纖維 克	鐵質 毫克	鈣質 毫克	
6	68	3	2	81	（每人份）

材料 A （8人份）

香蕉 2 隻
雞蛋 2 隻（全蛋）
植物奶 70 毫升
核桃油或其他植物油 30 毫升
原糖 2 茶匙（可按喜好而省略）

材料 B

燕麥 100 克（打碎）
燕麥 60 克（不打碎）
果仁 50 克
泡打粉 1 茶匙

做 法

1. 預熱焗爐至 180℃。
2. 香蕉放入大碗內，用叉子壓成蓉，加入雞蛋打發均勻，拌入原糖、油及奶攪拌均勻。
3. 加入材料 B 攪拌，果仁打碎程度可按個人喜好而調較。
4. 蛋糕糊放入焗盤內，放入已預熱 180℃焗爐焗 30 分鐘，轉 160℃再焗 15-20 分鐘至蛋糕面呈金黃色，可切件享用。

減醣健康食譜／我不是系列

可隨喜好加入朱古力粉、芝麻粉等。

此蛋糕用了植物油代替牛油，減少蛋糕的飽和脂肪，亦不含反式脂肪。香蕉令蛋糕帶有天然甜味，毋須額外加入添加糖，比一般牛油蛋糕健康得多。

我不是蛋糕（豆腐乳酪巴斯克）

熱量 卡路里	醣質 克	蛋白質 克	總脂肪 克	飽和脂肪 克	反式脂肪 克
174	16	11	8	2	0

糖 克	鈉 毫克	膳食纖維 克	鐵質 毫克	鈣質 毫克	
9	53	1	1	83	（每人份）

直播重溫

材料 （4 人份，6 吋蛋糕）

軟豆腐 1 磚（200 克）

雞蛋 2 隻（全蛋）

蛋黃 1 個

原糖 30 克

純乳酪 140 克

燕麥 4 湯匙

鹽 1/4 茶匙

亞麻籽粉 10 克（可隨喜好添加）

黑芝麻粉（可隨喜好添加，以增加風味）

模具

6 吋蛋糕模 1 個

SKYE
• COOKING •
TIPS

將烘焙紙弄皺有助蛋糕塑造不規則的外形，令完成品更神似。

SYLVIA
• NUTRITION •
TIPS

一般巴斯克蛋糕使用的忌廉芝士非常高脂肪，此食譜以豆腐代替芝士，大大減少了飽和脂肪含量，亦不失芝士蛋糕的味道，是減肥期間一大恩物。

1. 用廚房紙包裹豆腐，以重物稍壓一會，以逼出豆腐多餘水分，令成品的效果更乾身（通常約用 2 張廚房紙，毋須壓至全乾），然後壓碎成軟滑狀。
2. 預熱焗爐至 180℃。
3. 雞蛋、蛋黃及原糖打勻；燕麥用攪拌機打碎成粉狀。
4. 乳酪、鹽與豆腐餅漿攪勻，加入蛋漿、燕麥粉拌至幼滑狀。
5. 將烘焙紙弄皺，鋪在蛋糕模上，倒入豆腐餅漿，放入焗爐焗 45 分鐘，調至 170℃，每 3 分鐘查看一下，焗至理想的微焦顏色。
6. 取出蛋糕放涼，放於雪櫃待一晚即可享用。

我不是飯糰（紫椰菜牛肉紫菜包）

熱量 卡路里	醣質 克	蛋白質 克	總脂肪 克	飽和脂肪 克	反式脂肪 克
276	34	17	8	2	0

糖 克	鈉 毫克	膳食纖維 克	鐵質 毫克	鈣質 毫克	
4	138	5	6	59	(每人份)

材料（2 人份）

雜穀米（小米 15 克、藜麥 15 克、原片大燕麥 15 克、紅米
15 克、糙米 15 克）

紫椰菜 1/6 個（125 克）

牛肉片 50 克

雞蛋 2 隻

壽司紫菜 2 塊

鰹魚豉油適量

白芝麻（隨喜好加添）

鹽 1/5 茶匙

油適量

預備

1. 以電飯煲「快捷模式」、1 比 1 水量，加入
   鰹魚豉油煮熟雜穀米。

2. 紫椰菜洗淨、切絲備用，以滾水快灼 1 分鐘，
   瀝乾備用。

3. 牛肉片飛水，備用。

4. 雞蛋加入少許鹽拂打均勻，可選玉子燒煎鍋
   煎成長方形，或用一般煎鍋炒蛋。

5. 鍋內下油，輕炒牛肉片，加鰹魚豉油炒至喜
   好熟度，盛起備用。

包飯糰步驟

1. 在枱面鋪好保鮮紙，放上壽司紫菜，材料集中放於紫菜中間位置，鋪上雜穀飯及輕壓。
2. 鋪上紫椰菜、蛋、牛肉，再鋪上一層雜穀飯。
3. 將紫菜四角向中間摺入，保鮮紙像包禮物般包好飯糰，以利刀於中間切開即成。

SKYE
· COOKING ·
TIPS

- 小米、藜麥、燕麥片不用預浸，洗淨後可直接放入電飯煲煮（有機真空獨立包裝產品選擇免洗亦可）。
- 雜穀米可隨個人喜好加入紅米、糙米，若添加這類米需預浸約 4 小時。
- 雞蛋可隨口味轉換成太陽蛋、炒蛋或溏心蛋。
- 鋪上材料前，先用手向內屈摺紫菜，可預計材料放在置中哪個位置。
- 有些紫菜比較脆，摺入時容易碎裂，別介懷，不會影響效果。
- 飯糰材料的最上及最底層，建議鋪上雜穀飯以增強黏力。

SYLVIA
· NUTRITION ·
TIPS

全穀物類如紅米、糙米、燕麥和藜麥含豐富維他命B、鐵、鎂、鋅和膳食纖維，比白米更飽肚。牛肉和雞蛋能提供豐富鐵質，有助增加能量。

熱量 卡路里	醣質 克	蛋白質 克	總脂肪 克	飽和脂肪 克	反式脂肪 克
288	34	12	12	3	0

糖 克	鈉 毫克	膳食纖維 克	鐵質 毫克	鈣質 毫克	
3	216	7	5	47	（每人份）

直播重溫

材料（2人份）

雜穀米（小米 15 克、藜麥 15 克、原片大燕麥 15 克、紅米 15 克、
糙米 15 克）

泡菜 40 克

牛油果半個（75 克，小型）

雞蛋 2 隻

番茄 25 克

壽司紫菜 2 塊

鰹魚豉油適量

白芝麻適量

鹽 1/5 茶匙

油適量

預備

1. 以電飯煲「快捷模式」、1 比 1 水量，加入鰹魚豉
   油煮熟雜穀米。
2. 番茄洗淨，切片；牛油果去核，切片備用。
3. 雞蛋加入少許鹽拂打均勻，下油煎熟，切片備用。

包飯糰步驟

1. 在枱面鋪好保鮮紙，放上壽司紫菜，材料集中放
   於紫菜中間位置，鋪上雜穀飯及輕壓。
2. 鋪上泡菜、牛油果、蛋、番茄、牛油及泡菜，再
   鋪上一層雜穀飯，灑上白芝麻，蓋上另一塊紫菜，
   將四角向中間摺入，保鮮紙像包禮物般包好飯糰，
   以利刀於中間切開即成。

❧ SYLVIA ❧

• NUTRITION •

TIPS

牛油果提供豐富維他命 E，有益皮膚和心臟健康。泡菜含有豐富益生菌，配合其他蔬菜能提供益生元，有助腸道健康。

我不是飯糰（生菜飯包）

熱量 卡路里	醣質 克	蛋白質 克	總脂肪 克	飽和脂肪 克	反式脂肪 克
246	30	13	8	4	0

糖 克	鈉 毫克	膳食纖維 克	鐵質 毫克	鈣質 毫克	
3	239	3	4	207	（每人份）

材料 (2 人份)

生菜 2-3 塊、雜穀米（小米 15 克、藜麥 15 克、原片大燕麥 15 克、紅米 15 克、糙米 15 克）、豬肉片 50 克、番茄 25 克、芝士 2 片、麻藥蛋 1 隻（做法參考 p.180）、鰹魚豉油適量、鹽 1/4 茶匙、黑椒碎 1/4 茶匙、油適量

做法

1. 以電飯煲「快捷模式」、1 比 1 水量，加入鰹魚豉油煮熟雜穀米。
2. 西生菜原塊撕出，以食用水洗淨，印乾水分。
3. 番茄洗淨，切片；豬肉片飛水，備用。
4. 燒熱油輕炒豬肉片，灑入鹽及黑椒碎調味，炒熟盛起。
5. 大碗內鋪入保鮮紙，十字相疊地鋪入 2 塊西生菜，擺放位置以容易捲起為佳。
6. 鋪上雜穀飯，逐層放入其他材料，最後鋪上一層雜穀飯，蓋上西生菜，以保鮮紙包實，按壓餡料定型，以熟食砧板切開即可。

❧ SYLVIA ❧
• NUTRITION •
TIPS

麻藥蛋帶有辛辣味，毋須額外加入鹽分已令飯糰美味可口。若你是素食者，可以選擇不加豬肉，變成一個素食飯糰。

熱量 卡路里	醣質 克	蛋白質 克	總脂肪 克	飽和脂肪 克	反式脂肪 克
250	13	20	13	2	0

糖 克	鈉 毫克	膳食纖維 克	鐵質 毫克	鈣質 毫克	
3	123	6	3	111	（每人份）

青色皮材料 (2人份)

嫩菠菜 1 杯
雞蛋 1 隻
亞麻籽粉 20 克
油 1 湯匙
鹽 1/4 茶匙

紫色皮材料

紫椰菜 1 杯
雞蛋 1 隻
亞麻籽粉 20 克
油 1 湯匙
鹽 1/4 茶匙

餡料

急凍雞柳或火鍋豬肉片 80 克
紫椰菜絲 20 克
椰菜絲 20 克
三色甜椒絲 20 克
甘筍絲 20 克

醃料

鹽少量
糖少量
生抽少量
胡椒粉少量

做法

1. 雞柳解凍，切絲，用少許鹽、糖、生抽及胡椒粉醃 30 分鐘。
2. 燒熱油，下雞柳炒香，拌入紫椰菜絲、椰菜絲、三色甜椒絲及甘筍絲輕炒，炒完盛起備用。
3. 預備青色皮：雞蛋拂打，放入攪伴機與嫩菠菜、亞麻籽粉、油、鹽攪打均勻（紫色皮做法相同）。
4. 燒熱油，舀入餅皮材料，略壓平，用慢火煎 2 分鐘，反轉略煎，盛起。
5. 餅皮上鋪入蔬菜絲及雞柳絲，捲起即成。

❦ SKYE ❧
• COOKING •
TIPS

- 可以燕麥粉、椰子粉或杏仁粉代替亞麻籽粉。

- 可選用紅菜頭、牛油果、羽衣甘藍、紫椰菜或選用喜愛的沙律菜，代替嫩菠菜。

- 因餡餅沒有使用麵粉，煎時別壓得太薄，以免餡餅太脆裂開，難以包好。

- 餅皮煎好後放涼，可以牛油紙隔開，放於冰格，隨時使用。

❦ SYLVIA ❧
• NUTRITION •
TIPS

在超市購買的墨西哥薄餅鈉含量較高，自製墨西哥薄餅的鈉質就低得多。亞麻籽粉能提高薄餅的奧米加 3 含量，配合各種蔬菜的抗氧化物，有助心臟健康。

雞塊材料 （可製成 8 件）

硬豆腐 1/3 塊（80 克）、雞柳 3 條、鷹咀豆粉 2 湯匙、雞蛋 1 隻、蒜頭 1-2 瓣（隨個人喜好增減）、油適量

調味料

鹽半茶匙、糖半茶匙、黃薑粉適量（隨個人喜好）、胡椒鹽適量、生抽 1 茶匙

Shake Shake 粉材料 （隨喜好自由配搭）

紅椒粉 1 茶匙、洋葱粉 1 茶匙、黑胡椒粉 1 茶匙、蒜粉 1 茶匙、紫菜碎適量、黃薑粉 1 茶匙

熱量 卡路里	醣質 克	蛋白質 克
48	2	6
總脂肪 克	飽和脂肪 克	反式脂肪 克
2	0	0
糖 克	鈉 毫克	膳食纖維 克
0	22	1
鐵質 毫克	鈣質 毫克	
1	22	（每件）

做法 （輕煎版）

1. 雞柳解凍，以廚房紙印乾水分，去筋，連蒜頭一起剁碎或放入廚師機攪碎。

2. 用廚房紙包裹豆腐，以重物稍壓一會，以逼出豆腐多餘水分，令成品的效果更乾身（通常約用 2 張廚房紙，毋須壓至全乾）。

3. 豆腐用叉子壓爛，加入雞蓉拌勻，加入少許鹽、黃薑粉、胡椒鹽、生抽、糖調味及攪勻

4. 雞蛋拂勻，逐少分量加入雞蓉內攪勻（逐少加入蛋液，均勻地沾滿豆腐雞肉即可，毋須太濕）。

5. 預備大匙及小匙各 1 隻，沾上少許油，用大匙舀上雞蓉，輪流轉換匙羹協助定型，或將雞蓉放入食物袋，於一角剪掉小孔，可直接擠出。

6. 燒熱油，將已定型的雞蓉放入平底鍋，以小火慢煎，煎時可修整造型，定型後調至中火，煎至兩面金黃色即成。

做法（氣炸鍋版）

步驟與輕煎版大致相同，將已造型的雞蓉放入氣炸鍋，以 160℃ 製作 15 分鐘，再調至 200℃氣炸 6 分鐘即成。

做法（油炸版）

步驟與輕煎版大致相同，將已調味的雞蓉造型沾滿鷹咀豆粉及蛋液，再放入油鍋炸香。

以喜好選配 shake shake 粉拌吃，健康美味並重。

SYLVIA • NUTRITION • TIPS

麥樂雞能提供 6 克蛋白質，吃 3-4 件可滿足每餐需要的蛋白質需求，飽肚又低脂。麥樂雞也可當作日常小食，減少進食其他零食的機會。

SKYE • COOKING • TIPS

- 雞柳用鹽水浸 3-4 小時解凍後，已帶有鹹味，調味時可酌減鹽量。
- 雞肉攪爛後，如時間許可，放入雪櫃待 3-4 小時（或一晚），成品後更有口感。
- 我不是麥樂雞可煎、可炸，輕煎版可額外加入鷹咀豆粉、燕麥粉或麥皮攪勻。
- 豆腐可放入攪拌機攪勻，視乎攪拌機之容量而定。
- 進食時可加入自家調配的 Shake Shake 粉，以增添風味，挑選上述喜好香料混合即可。

還原靚靚 Morning Drink

做法

1. 挑選 1-2 款蔬菜、1 份水果、原味或無糖奶類製品。
2. 蔬菜洗淨後，建議用滾水快灼 1 分鐘，如時間太趕或不方便看火，水滾後熄火浸數分鐘，可去除蔬菜的青澀味，灼過的蔬菜更甜，又不會太寒涼。

** 為方便大家掌握 Morning Drink 的製作方法，以下提供 5 款 Morning Drink 的配搭組合以供參考。

堅果類或種子類

奶類製品或水

蔬菜

水果

豆類

自選營養粉
（如芝麻粉、杏仁粉、亞麻籽粉等）

鷹嘴豆椰棗希臘乳酪奶昔

熱量 卡路里	醣質 克	蛋白質 克
347	40	25

總脂肪 克	飽和脂肪 克	反式脂肪 克
11	5	0

糖 克	鈉 毫克	膳食纖維 克
22	98	6

鐵質 毫克	鈣質 毫克	
2	349	（每人份）

SYLVIA · NUTRITION · TIPS

能提供豐富的植物蛋白質，配合高蛋白的希臘乳酪和脫脂奶，令這個早晨飲料更加飽肚。椰棗含天然糖，太甜的話可自行減少分量。這個 Morning Drink 最適合運動後飲用，有助幫助肌肉復原。

材料 （1人份）

鷹咀豆 2 湯匙
希臘乳酪 200 克
脫脂牛奶 45 毫升（可選加鈣豆奶或其他植物奶）
雜莓 30 克
椰棗 2 顆

菠蘿菠菜補血醒神
Morning Drink

熱量卡路里	醣質克	蛋白質克
166	19	5

總脂肪克	飽和脂肪克	反式脂肪克
9	1	0

糖克	鈉毫克	膳食纖維克
10	29	5

鐵質毫克	鈣質毫克	
4	236	（每人份）

材料 （1人份）

菠菜 1 碗
長青瓜半條
白芝麻 2 湯匙
菠蘿 1-1.5 片
水 250 毫升
薄荷葉隨意

SYLVIA
• NUTRITION •
TIPS

菠菜含豐富鐵質，配合豐富維他命 C 的菠蘿，有助非血紅性鐵質吸收。菠蘿可用橙、奇異果或番石榴代替，同樣能提供豐富維他命 C。

熱量 卡路里	醣質 克	蛋白質 克
236	36	14

總脂肪 克	飽和脂肪 克	反式脂肪 克
20	3	0

糖 克	鈉 毫克	膳食纖維 克
10	1	9

鐵質 毫克	鈣質 毫克	
2	306	（每人份）

黃金香蕉杏仁奶昔

材料（1人份）

香蕉半隻
高鈣低糖豆漿 250 毫升
杏仁 10 粒
黃金亞麻籽粉 2 湯匙

SYLVIA
• NUTRITION •
TIPS

天然豆漿不含鈣質，選用豆漿時最好選擇高鈣
產品。黃金亞麻籽粉含有奧米加 3 脂肪酸和膳
食纖維，對心臟、骨骼和腸道健康非常有益。
要留意這款飲品的脂肪含量較高，較為飽肚，
適合作為代餐之選。

火龍果高纖抗氧化奶昔

熱量 卡路里	醣質 克	蛋白質 克
334	55	14

總脂肪 克	飽和脂肪 克	反式脂肪 克
8	1	0

糖 克	鈉 毫克	膳食纖維 克
41	140	12

鐵質 毫克	鈣質 毫克	
1	403	（每人份）

SYLVIA
· NUTRITION ·
TIPS

紅石榴含豐富抗氧化物，有助抗衰老及抗癌。
紅肉火龍果的種子增加飲品的纖維量，並可紓
緩便秘。要留意這款飲品的果糖含量較高，可
考慮每餐只喝半杯。

材料 （1人份）

紅石榴半個
奇亞籽 1 湯匙
紅肉火龍果半個
脫脂牛奶 250 毫升

間竭性斷食低卡飽肚之選

熱量 卡路里	醣質 克	蛋白質 克
534	48	29
總脂肪 克	飽和脂肪 克	反式脂肪 克
29	6	0
糖 克	鈉 毫克	膳食纖維 克
23	151	17
鐵質 毫克	鈣質 毫克	
2	514	（每人份）

雙果乳酪低脂高纖奶昔

材料 （1人份）

細牛油果 1 個
百香果 1 個
脫脂希臘乳酪 200 克
脫脂牛奶 100 毫升
甘筍 1/3 條 （飛水）
細香蕉半隻
奇亞籽 2 茶匙
* 香蕉及奇亞籽令人有飽肚感

SYLVIA
• NUTRITION •
TIPS

間歇性斷食期間，可以每日飲用 2 杯雙果乳酪作為代餐，因含有豐富的蛋白質、優質脂肪和膳食纖維。配合不同種類的蔬菜或沙律，可以增加咀嚼感。除了代餐外，斷食期間不忘多喝水分，每日最少飲用 2 公升。

減醣健康食譜／還原靚靚 Morning Drink

236

青酱

熱量 卡路里	醣質 克	蛋白質 克	總脂肪 克	飽和脂肪 克	反式脂肪 克
130	3	1	14	2	0

糖 克	鈉 毫克	膳食纖維 克	鐵質 毫克	鈣質 毫克	
1	128	1	0	16	（每湯匙 或每份）

材料 （10 等份）

菠菜2碗、羽衣甘藍半碗、牛油果1個（150克）、巴馬臣芝士（Parmesan cheese）隨意、松子仁少許、蒜頭4瓣、初榨橄欖油8湯匙、鹽半茶匙、糖約1茶匙

做法

1. 菠菜及羽衣甘藍分別略切。
2. 牛油果去皮、去核，果肉切好。
3. 所有材料放入攪拌機攪爛，試味後，放入乾淨的容器，冷藏雪櫃存放即可。

SYLVIA · NUTRITION · TIPS

菠菜和羽衣甘藍含豐富葉酸、鐵質和葉黃素，對眼睛及腦部健康非常有幫助。橄欖油含豐富不飽和脂肪酸，比用普通沙律醬更健康。

SKYE · COOKING · TIPS

- 可選用沙律用菠菜、羽衣甘藍。一般沙律用的蔬菜可選擇不用清洗；如要清洗，記得抹乾水分。
- 芝士帶有鹹味，可以邊攪拌邊試味，再逐少加入芝士或鹽。
- 如不愛蒜頭，可減少分量。

素食

紅菜頭醬

熱量 卡路里	醣質 克	蛋白質 克	總脂肪 克	飽和脂肪 克	反式脂肪 克
72	2	0	7	1	0

糖 克	鈉 毫克	膳食纖維 克	鐵質 毫克	鈣質 毫克	
1	132	1	0	6	（每湯匙 或每份）

材料 （10 等份）

紅菜頭 1 個（約200克）、蒜頭 2-3 瓣、鹽半茶匙、
黑椒碎適量、初榨橄欖油 5 湯匙、香草隨意

做法

1. 紅菜頭洗淨外皮，連皮蒸 45 分鐘，去皮、切粒。
2. 所有材料放入攪拌機攪爛，放入乾淨容器內，
   冷藏於雪櫃存放即可。

SKYE · COOKING · TIPS

- 紅菜頭連皮蒸，可保留更多水分。如去皮切
  粒蒸也可，可視乎個人習慣而定。
- 可一邊攪拌一邊試味，再灑入鹽及黑椒碎
  調味。
- 紅菜頭醬可伴酸種包、多士、薄餅、番茄意
  粉等食用，口味甚佳。

SYLVIA · NUTRITION · TIPS

紅菜頭的熱量非常低，含豐富纖維、葉酸、錳、
鉀、鐵和維維他命 C，有助降低血壓，提高運
動表現。若買不到新鮮紅菜頭，也可選用預先
包裝的紅菜頭來做。

南瓜汁

直播重溫

番茄汁或粟米汁的製法大同
小異,可參考以上直播。

熱量 卡路里	醣質 克	蛋白質 克	總脂肪 克	飽和脂肪 克	反式脂肪 克
67	10	1	3	0	0

糖 克	鈉 毫克	膳食纖維 克	鐵質 毫克	鈣質 毫克	
4	9	1	1	58	（每人份）

材料 （6 人份）

南瓜 400 克
洋蔥 2 小個（200 克）
橄欖油 1 湯匙
脫脂奶 100 毫升（約南瓜分量 1：1）
水適量
黃薑粉 1 茶匙（建議加添以增加風味）
糖少量（如南瓜甜度足夠，可省略）

做法

1. 洋蔥切絲；南瓜切成小粒備用。
2. 燒熱橄欖油，炒香洋蔥，盛起。
3. 燒熱油，下南瓜粒炒香，加入少許糖，倒入水，剛好蓋過南瓜，加蓋煮約 5 分鐘，熄火，以攪拌機攪成湯蓉（可保留一半南瓜粒，增添口感）。
4. 將南瓜湯蓉煮滾，放入已炒香的洋蔥及脫脂奶，輕輕攪拌至個人喜愛的濃稠度即可。

☙ SYLVIA ❧
• NUTRITION •
TIPS

南瓜含有天然甜味，同時含有豐富胡蘿蔔素，搭配意粉進食，健康又美味。薑黃素含有抗氧化功能，可抗衰老及降低老退化風險。脫脂奶也可選用其他植物奶如杏仁奶、燕麥奶等代替，造成全素汁料。

牛油果沙甸魚沙律醬

熱量 卡路里	醣質 克	蛋白質 克	總脂肪 克	飽和脂肪 克	反式脂肪 克
81	5	2	7	1	0

糖 克	鈉 毫克	膳食纖維 克	鐵質 毫克	鈣質 毫克	
1	335	3	0	23	（每人份）

材料 (4人份)

細牛油果 1 個
罐頭油浸或礦泉水浸沙甸魚 1 條
原味乳酪 1 湯匙
檸檬汁 10 毫升
鹽半茶匙、黑胡椒碎適量
低卡蛋黃醬 1 湯匙、香草（隨意）

做法

1. 把牛油果切半、去核。
2. 用刀先把果肉剮成一格格，再用匙羹把牛油果肉刮出來，放在碗中壓成蓉。
3. 把罐頭沙甸魚的水或油隔掉，拌入牛油果蓉。
4. 按口味加入調味料攪勻便可。

❧ SYLVIA ❧
• NUTRITION •
TIPS

牛油果和沙甸魚兩者都含有豐富奧米加 3 脂肪酸和其他優質脂肪酸，可令食物更加美味之餘，同時吸收對皮膚和心臟有益的營養素。

❧ SKYE ❧
• COOKING •
TIPS

- 牛油果用刀於核中間輕輕一剎一轉便容易把核取出。
- 小朋友開學日用來夾麵包做早餐既方便又有營養。
- 伴以納豆、即食豆腐或蛋是方便的減醣午餐之選。
- 蛋黃醬不要放太多。

Vivian Mung   ...

我想多謝陳倩揚，好感恩有一天同阿囡行書局見到倩揚本書，揭開一看就吸引住，因為疫情令我們一家都變得肥腫難分，就即刻買左本書返屋企睇，立即就開始C1，由5月2日至到今天5月28日，我減了4.5kg,而我細佬也減了8kg,細佬一向只有喜歡食麵，之前跟他說很久沒益處，他不信，現在他信了👍

屋企人和同事都說我身形明顯瘦了，我也感到自己食得很健康很飽很輕鬆，我是常常出街食，都沒有感到任何壓力，而細佬也可以很健康的食，除了為減肥也是為著健康，想很健康的老去👍🧓

多謝陳倩揚😍

#多謝倩揚咁有心教我地
#最緊要多謝自己無放棄自己做肥婆
#你得我都得
#最緊要有無心
#世上無醜女人只有懶女人

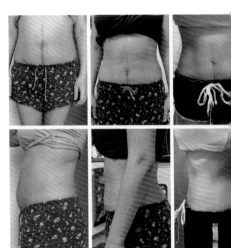

Fani Radomlek   ...

畢業了🎓已經正常飲食返一排都無反彈💨💨（長文介意look走去🙏）
黎緊既目標係keep磅唔再肥！運動再firm d!
希望比到少少動力減緊肥既你💪大家都成功💪
大約半年前，我有個朋友fb貼左一張減肥前後圖 佢係呢度既一位師姐 半年減左20kg😮我忍唔住問佢可唔可以教下我（如果你睇緊post你實知我講緊你😉）就係咁 我就申請入黎呢度爬文...
生完二胎後既我
最肥》63.3kg
一開始因為要餵奶只係所有澱粉質減半每餐50% 菜 飲3L水慢慢bb大左而我身體又適應左大約59kg開始行cycle1減完》49.3kg
淨行cycle1 Total 減左9kg（大約20磅）
跟倩揚減肥最大得著係我飲食習慣改變了 以前咩都擺入口既我會去揀食咩健康啲 了解多左好多食材 買咩前會睇營養標籤 學識左放鬆食唔=放縱食 仲有最重要一樣係愛上左煮野食😋😋
我發現肥既時候係唔會影全身相架😅我真係搵左好耐先搵到張唔覺意入左鏡既😅仲要唔係最肥既時候 大家信就信佢信就係咁信佢 我出post只係想讚下自己希望比少少動力減緊既大家同多謝呢度咁多位曾經同行既同路人🙏💪
#多謝我位朋友比動力我仲唔怕煩解答我
#多謝咁多位師姐無私分享令我有好多野食

Anna Poon ...

你好倩揚，我真係好感激呢個群組嘅每一位的分享。我係見到呢個群組 先開始的起心肝減肥。因為個人比較隨心 又唔想做運動 就嘗試用你的方法。

第一個 cycle 的第三個星期開始 168，永遠夜晚唔會淨係食嘢菜。日日飲夠水。Open day 仲要試過一晚飲 12 支啤酒。 結果係減咗 11 磅。

所以你的方法真係好好，我都推介左比好多人 最開心係有 open day 🙄

我怕食返澱粉質會急速上升
所以放假兩個禮拜 日日食
睇吓效果係點
結果係重返 3.5 磅
依家開始第二個 cycle - 的第二個星期 總共減咗 14 磅

我會繼續努力🤎🤎🤎

同埋最重要係 以前覺得冇可能做到 168 而家覺得 原來係咁容易😂😂 😂

Yuki Tam ...

上年 6 月開始低醣生活，一直都無跟足晒，不過都有明顯既成績，新年比自己放縱咁食下，節日過後又開始繼續努力，目標 50kg 以下
體重：71.6kg – 52.2kg
體脂：35% – 27%
BMI：28.8 – 22.2
水份：41.1% – 48.3%
內臟脂肪：8 – 4
身高：153cm

 最開心可以著到褲😍

Manman Lee ...

心血來潮都想分享下～
未有小朋友果陣130磅左右😔
陀住到生..一共重左60磅...
最慘既係肥晒係我到. Bb出世係得5磅幾
當以為生完一個月後會慢慢修返身...
誰不知...原來真係唔係人人都係咁😳
結果一座山既身軀跟左我5年
想要30歲前要減返去未生果陣時🙈
真心接受唔到自己30歲未夠咁後生要帶住咁大既身軀一世
🙈🙈
由2020年12月19號我開始我既決定～當時192磅
直至今日19/9已經落到155磅「剛好9個月」
一共減左37磅😫😫😫仲爭15磅就完成目標😳
雖然落得唔算多，但對自己都有返多少交代😊😁

Angel Wong

SC17974
開始日期：2021/8/23

用咗七個幾月，一路都行cycle 1，經歷咗聖誕同農曆新
偷食，平時飲食盡量跟，減咗24磅左右，我自己已經好
意，亦都見到有啲成效。

多謝倩揚同其他組員無私分享，會繼續努力！

Jadey Y.kit ...

C16764

入group後第一次分享

我本身肥底加上至從咗個小朋友 又肥左好多

生第二個小朋友已經直迫 9xKG 🙈🙈🙈

成人好似迷失左 又餵人奶又懶又多藉口

冇曬動力

愈來愈放縱 搞到自己肥腫難分

覺得我呢世都著唔到牛仔褲

慰自己 唔著牛仔褲👖唔緊要，重有大把褲著 已經半放棄

狀態咗好幾年

至入咗group 我就抱住試吓都冇壞嘅心態 開始跟cycle 1

好多野都未必可以一步到位 都係慢慢跟 慢慢適應

知不覺已經6個月 共減28kg

吓眼 睇到自己原來已經有好大轉變

開心嘅係已經由XXL XL 去到著S 碼

三個月從覆行 cycle 1 另加每日1hr運動 (gym) 第二個月再

168

白講 起初真係有辛苦感覺 但睇住磅數有落真係打咗支強

心針 繼續落去💪💪💪

四個月個人輕咗 可以開始跑步 每日跑6K🏃

證住自己嘅改變 每日都有少少驚喜

最最重要係老公陪我一齊減 一齊運動 一齊增肌減脂 😍

件事變得好有動力 😎好有動力行落去

好享受每一次嘅 Open day open week 但放鬆不放縱✌

其他日子都乖乖嚴守 意志堅定好重要！

想講減醣飲食除咗減到肥之外真係令皮膚好咗好多 😍😎

未達標吖 仍會繼續努力💪💪💪

多謝善楊 多謝各位group友嘅分享 每次見到有成功嘅例子都

深深激勵到我

望我都可以激勵大家 一齊努力

最後最後 飲水飲水 好重要！

Angel Shum ...

一周年嘞。。。😊
冇會員號碼...
八月中畢業時 52.8kg...
畢咗業之後近乎日日偷食...😋
最低見過 50.9kg...
keep 得住畢業體脂 23.x 😷
農曆年 plus 命根牛一晌半個月內鯨吞晒三底糕 + 勁豐富開年飯 + 四餐火鍋放題 + 一餐食足七個鐘嘅 BBQ + 一餐日式放題 + 一餐燒肉放題 + 十次大大杯雪糕 🍦🍧 = 52.4kg 🤔
最開心系以前唔可能當面衫着嘅 T 而家着住飽嘟嘟相都唔會哎晒肉🍖

#多謝倩揚

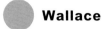
Wallace

多謝倩揚 🙏
今日順利完成第二個 Cycle
由 10 月頭開始行 Cycle 1
真係唔經唔覺覺原來到而家已經半年時間
睇返 d 相自己都覺得分別好大
半年時間我減左 36lb 體脂減左 7%
以前真係無諗到齋靠食個效果都咁顯著
而且最重要係過程一 D 都唔辛苦
我以前係每日食 2 碗飯，食到飽一飽既人
由開始減醣開始，我就完全晒停無食飯
除左 Open day 會食下壽司 🍣😀
但係其他日子原來唔食溦粉都 ok 架喎
真係食其他野都食到飽
魚、豆腐、雞、菜、偽 burger 乜都有，調味就無乜理
我自問都跟唔足，晚餐除左菜都有食肉
仲會間中食下炸雞😀(不過通常都係 Lunch 食)
不過有個習慣真係改左，而家飲多左好多水
出街買野飲都係買水飲☺好乖
而家行左半年之後，堅係覺得自己細食左好多
以前輕輕鬆鬆可以食完一個米線
我早幾日食返以前成日食既米線
食到一半已經覺得飽飽地❓
長路漫漫，距離我個目標都仲有段路
聽日開始 2 星期 Open Week
放下假再返黎同大家一齊努力🏃大家加油🙏

#你得我得大家得

Sammy Cheung ...

謝嘅話唔嫌多。再次多謝倩揚，幫我減左 30 幾磅。減肥
一周年，等我感性咁寫返啲野。

實一直都有減肥，我係做運動多。但係唔知道食得對嘅重
性。做完運動又食過，減咗咁多年都唔成功。

打誤撞，朋友介紹咗呢個谷。我都係一個好心急嘅人，
時一磅，身體年齡老咗十年。真係以為自己就快死。二話
說，第二日就開始 cycle。

揚嘅方法最好係乜哩。有 open day。好想食溦粉好想食蛋
麵包餅乾等等，唔係唔俾你食不過等多兩日先。有盼望自
就忍到。

裡落得最勁嗰段日子。其實真係每日都食得好飽。好飽好
超大個飯盒。真係同事不斷問我係咪減肥。咁大個飯盒！
外，飲水真係好重要啊。每朝都磅就會好覺眼。嗰日太忙
少左，即刻落得少左。信不信由你。

格嗻落磅，一路嗻加添動力，繼續堅持繼續落，落到人人
話瘦咗好多，落到人哋話個面肉肉少嘅曬，戴口罩都松咗好
。

前啲衫曾經係可遠觀不可褻玩，後來剛剛先可以著返，再
來可以著得好睇，再再後來已經唔再著得到，因為松得
wakaaaa。

來冇諗過生完兩個。可以少女身材。總結就係方法用到對了
係好重要。我應該上年 9 月左右已經減咗三四十磅，食得
康左到今時今日都冇反彈。

住咁多先。再次多謝倩揚。各位絲打加油。你得我得真係

有少少時間講多兩句。衷心感謝呢個谷。呢度好多人分享
力減肥令人好振奮。好多真係又令人鼓舞嘅例子，感覺
工，大家都係普通人，好似真係理得我又得。

上食法都係食多啲嘅菜，飲多啲原形食物，少食
製食物，而唔係叫我哋不斷嗻樣食高脂肪嘅食物。

嘆有乜唔明又可以問問題，又可以打卡。我以前好少出
st，但係我睇人哋食啲乜，從中學習。

卜就係好多專家。有唔同科嘅專科醫生解答問題。又有營
師講解箇中原理。好鍾意睇返啲片。有時會睇一兩次。當
多提醒同埋鼓勵。令人會繼續行落去，感覺冇孤單。

待太心急會覺得氣餒，但睇多幾次大家嘅鼓勵，我覺得祇
堅持落去一定會成功。

多人比好多錢去請顧問減肥。喺倩揚嘅大家庭，講嘅係互
鼓勵，分享。呢一年真係學咗好多嘢。

y age 曾經係老過實際年齡十年。慢慢開始追到實際年
而家係後生過實際年齡十幾年。體脂減咗好多。由高血
才正常返真係好開心。

關心個人健康左識得食多咗。我由細到大唔識煮嘢食。
開始慢慢發掘多少少，跟倩揚學整嘢食。最緊要食得健
其實我的小朋友都食得健康左。全家人都健康咗。

有絲打問我點樣減。其實我就係跟足倩揚嘅方法，加
本嚟就鍾意做運動。上年夏天係嗻游水，又食嗻咗方
基本上冇乜平臺期，一路減，到覺得夠喇可以停一停，
係咁而家差唔多嘅磅數。我覺得絲打可以真係溫咗習先，
倩揚嘅食。完全唔需要挨肚餓，記住要減肥就要食得
食得飽正確嘅食物，就唔會亂咁食零食。我從來都唔鍾
好精準，幾多蛋白幾多磅，我冇時間心機計，總之大概
倩揚嘅方法。正餐食得飽，真係戒咗好多亂食嘢嘅習
以前成包餅嗻食，又快又肚餓。而家正餐食健康嘅，又
份量，一路飽到尾，第朝繼續落榜。

而家有時都會食雪條食雞蛋仔蛋糕蛋捲，不過會早啲食，飲
返啲水。第日都冇乜升榜。

絲打可以睇返啲倩揚嘅直播，佢有時講 d tips 都幾
practical。但直播嘅時候我多數湊小朋友，未能睇直播只好
重溫。人哋做緊嘢鍾意聽電臺，我聽倩揚。我最鍾意佢話
啲肥肉跟左一十幾年，唔好太心急。呢句對我呢啲心急嘅人真
係有好用。
減肥除左有對嘅方法，就係一種堅持嘅心理戰。我覺得呢個
谷可以幫到我呢一點。所以都係要多謝倩揚。

講住咁多先。

Stacy Yeung ...

大家好！報到一下先
距離上次一月出 Post 已經三個月喇！
我由一月一日到今日都係行 Cycle One
體重由 1 月 1 日的 92.7kg
經過三個月晚上食菜，早午 Cycle One 食法
今日係減到 77 Kg，輕佐 30 幾磅喇
大家要加油呀！
因為本身有 PCOS
希望瘦佐可以快點有 BB 啦👏👏
但醫生話仲要減多 40 磅到！我會努力！
我得你得，大家一齊堅持👏👏👏👏

我真係成功咗
懷孕 21 周喇😄 係女女😎
用咗差唔多一年時間減咗大約 60
幾磅
多謝你
冇問題呀，祝你新書大賣😊😊😊

Elsa Chan　　　　　　...

自從小學六年級發育期開始，雖不至於超級肥胖，但我的身型總比同齡人士大一至兩個碼，而至今的人生裏有9成時間都是肥胖的。過往曾經兩度成功減肥，但效果都不持久，經歷一個冬天之後就差不多打回原型，那時我以為我的人生已註定以肥胖終老。

隨着年齡增長，磅數持續遞增，由62、65、67......每年逐少逐少增加，最高峰時是72公斤。疫情期間宅在家時，脂肪比例高達38%，已去到人生「顛峯」。

2020年中，有幸看到倩揚的訪問，毫不猶豫就加入「你得我得行動組」Facebook群組，爬文一個半月就開始了。

奇妙的事情發生了，實踐減醣飲食並配合運動，我用了13個月，減掉了30磅脂肪。至今過了十個月，身型仍然保持甚至再有點小進步，一切都多得倩揚的無私分享！

這個減醣方法既健康又有效，真的做到「飽住瘦」，而最重要是方法很人性化，沒有絕對不能碰的食物，又不用長期計算卡路里或要戒絕某些食物，而是選得正確、食得精明就可以有效瘦身，還我一個健康的身體及自信的身型！

🖤

Danielle Tanni Ng ...

由細到大都為食,肥妹仔一名,減肥方法試過好多,效果最顯著,而又堅持得最耐真係今次,輕輕鬆鬆,冇乜壓力,就算冇做運動都keep住落磅,見到落磅,又有動力繼續堅持🏋️

生完大女肥左40磅,每晚食白焓食物,減左20磅,但實在太寡,堅持唔到,食返正常體重就反彈。2年幾後,生完細佬,又重多50磅。預備復工時,拎返啲衫出黎,生之前個批唔岩著就預左啦,估唔到連大肚既衫都唔岩著,手臂肥到連XL衫都塞唔入。行路時腳踭感到好重負擔,同大女玩,佢跑兩跑,我真係追唔到。

係倩揚群組爬文兩個星期,覺得自己已經有少少概念,就開始左Cycle 1。我本身唔係好鐘意飲水,一下子一日飲2公升以上,去廁所真係去得好密,不過唔駛一個月,身體就調節到,就維持每日飲3公斤清水。

因為仲有餵母乳,同埋胃口仲好大,所以由簡易版入手,一日食足五餐。早餐食蛋同水果,上午茶食無鹽果仁,午餐食公司飯盒走飯,下午茶食無糖豆腐花,晚餐用綠色蔬菜做主食,再加其他餸。估唔到由朝食到晚,8個星期後都減到16磅。Cycle 2都係照板煮碗,2個cycle共減35磅。

Cycle 3見減磅速度慢左落黎,就開始行168,都係五天減肥週,星期一至五低醣,星期六放自己兩日open dayss。減得慢唔緊要,最緊要係心情愉悅、自我感覺良好,先可以堅持落去。不經不覺就減肥一年,其實都習慣左個飲食模式,心諗既然都唔係好辛苦,不如減多20磅,去返結婚時既身型啦。唔知要幾多時間先可以達成目標,不過我有信心一定做到,大家一齊加油!🏋️

🖤

4/2021　4/2022

* 以上分享內容及相片均得到組員允許,並同意於書內刊載。

健康輕鬆飽住瘦
低醣飲食
生活提案2
全方位減脂營養天書

著者
陳倩揚・林思為

責任編輯
簡詠怡

裝幀設計
羅美齡

排版
辛紅梅

封面攝影
Alien Creation Limited

攝影（第四章食譜相）
Fai@Imagine Union Ltd.

攝影（廚房插圖相）
Michelle Lee@Imagine Union Ltd.

插圖設計
陳倩揚・林思為

插圖提供
canva, freepik.com

出版者
萬里機構出版有限公司
香港北角英皇道 499 號北角工業大廈 20 樓
電話：2564 7511　　傳真：2565 5539
電郵：info@wanlibk.com
網址：http://www.wanlibk.com
　　　http://www.facebook.com/wanlibk

發行者
香港聯合書刊物流有限公司
香港荃灣德士古道 220-248 號荃灣工業中心 16 樓
電話：2150 2100　　傳真：2407 3062
電郵：info@suplogistics.com.hk
網址：http://www.suplogistics.com.hk

承印者
中華商務彩色印刷有限公司
香港新界大埔汀麗路 36 號

出版日期
二〇二二年七月第一次印刷
二〇二三年七月第二次印刷

規格
16 開（170 mm × 230 mm）